Mein gesunder
Dackel

Dr. med. vet. Lowell Ackerman

unter Mitarbeit von
Dr. med. vet. Marion Heigl
und Heike Kellen

bede bei Ulmer

Bildnachweis: Kerstin Schwartz, Züchtergemeinschaft Kellen, Fotolabor Klaar
Wir bedanken uns herzlich für die freundliche Unterstützung
Archiv T.F.H. Publications Inc.
(Isabelle Francais, Judith Iby, Patti Liermann, Jaqueline Mertens, Scotty
Richardson, Penny Schultz, Robert Smith, Karen Taylor, Josef Wolff)
außer wenn anders aufgeführt
Übersetzung: Herprint International cc, Bredell 1623, Südafrika

Durchsicht der deutschen Übersetzung: Heike Kellen, Illschwang

Hinweis

In diesem Buch sind die Namen von Medikamenten, die zugleich eingetragene
Warenzeichen sind, als solche nicht besonders kenntlich gemacht.
Es kann also aus der Bezeichnung der Ware mit dem für diese eingetragenen Warenzeichen nicht geschlossen werden, dass die Bezeichnung ein freier Warenname ist. Die
Markennamen wurden nur beispielhaft aufgeführt. Hinsichtlich der in diesem Buch
angegebenen Dosierungen von Medikamenten usw. wurde die größtmögliche Sorgfalt
beachtet. Gleichwohl werden die Leser aufgefordert, die entsprechenden Beipackzettel
der Hersteller zur Kontrolle heranzuziehen. Die beispielhafte Auflistung von Medikamenten bzw. Wirkstoffen ist kein Beweis dafür, dass diese in Deutschland zugelassen
sind. Der behandelnde Tierarzt ist aufgefordert, die jeweilige (Zulassungs-)Situation zu
überprüfen.
Die in diesem Buch enthaltenen Empfehlungen und Angaben sind vom Autor mit
größter Sorgfalt zusammengestellt und geprüft worden. Eine Garantie für die Richtigkeit der Angaben kann aber nicht gegeben werden. Autor und Verlag übernehmen
keinerlei Haftung für Schäden und Unfälle. Der Leser sollte bei der Anwendung der in
diesem Buch enthaltenen Empfehlungen sein persönliches Urteilsvermögen einsetzen.
Der Verlag Eugen Ulmer ist nicht verantwortlich für den Inhalt von Links.

Bibliografische Information der Deutschen Nationalbibliothek
Die Deutsche Nationalbibliothek verzeichnet diese Publikation in der Deutschen
Nationalbibliografie; detaillierte bibliografische Daten sind im Internet über
http://dnb.d-nb.de abrufbar.

© der englischen Originalausgabe Lowell Ackermann DVM
© 2001, 2010 Eugen Ulmer KG
Wollgrasweg 41, 70599 Stuttgart (Hohenheim)
E-Mail: info@ulmer.de
Internet: www.ulmer.de
Titelfoto: Heike Schmidt-Röger
Umschlagentwurf: Sojus Design, Kai Twelbeck, Stuttgart
Druck und Bindung: Westermann Druck, Zwickau
Printed in Germany

ISBN 978-3-8001-6781-4

Inhalt

Dieses Buch macht den Leser mit so wichtigen Punkten bei der Auswahl des Hundes, wie zum Beispiel die Erkennung von Erbkrankheiten und Verhaltens- störungen oder auch der richti- gen Ernährung, vertraut.
Foto: R. Klaar

Die wichtigste Aufgabe für den Halter eines Dackels ist es, diesen gesund zu erhalten. Im Gegensatz zu vielen anderen Büchern, die sich mit den Zuchtqualitäten, dem Körperbau und den Ausstellungseignungen dieser Hunde beschäftigen, befaßt sich dieses Buch hauptsächlich mit der Gesundheitsvorsorge für den Dackel. Alle diesbezüglichen Informationen wurden aus unterschiedlichen Quellen zusammengestellt, um dem Leser einen möglichst breiten und aktuellen Überblick zu geben. Dieses Buch macht den Leser mit so wichtigen Punkten wie der Auswahl des Hundes, der Erkennung von Erbkrankheiten und Verhaltensstörungen, der richtigen Ernährungsweise sowie der optimalen medizinischen Pflege vertraut.

Es soll dem Halter ermöglichen, seinen Dachshund so gesund wie möglich zu halten und ihm dadurch ein langes, erfülltes und glückliches Leben zu ermöglichen.

Dr. vet. Lowell Ackerman
im Frühjahr 1999

Die wichtigste Aufgabe für den Hundehalter ist es, diesen bis ins hohe Alter gesund zu halten.

Der moderne Dackel

Der Dackel stammt aus Deutschland, wo er allgemein kurz Dackel genannt wird. Der Name Dackel ist der im englischen Sprachgebrauch bevorzugte, jedoch gibt es im europäischen Raum auch noch die Bezeichnung Teckel, wobei zwischen dem Kaninchen-, Zwerg und Standardteckel unterschieden wird. Obwohl gelegentlich behauptet wird, der Dackel stamme aus dem alten Ägypten und existierte schon vor 3000 Jahren, wird doch landläufiger vermutet, daß die Rasse wahrscheinlich eine eher zeitgenössische Geschichte hat.

Die erste Erwähnung über Hunde, die speziell für die Jagd auf Dachse gezüchtet wurden, findet sich Mitte des 16. Jahrhunderts. Der ursprünglich als Jagdhund gezüchtete Dackel ist heute allerdings eher ein „Erdhund" als ein „Killer". Es sind ansprechende Hunde mit einem langgestreckten Körper, kurzen Beinen, und sie sind im wahrsten Sinne des Wortes anhänglich. Ursprünglich hatten sie die Aufgabe, Dachse aus ihren Bauten zu treiben, jedoch wurden sie auch bei

Dachshunde wurden als zähe und furchtlose Hunde gezüchtet. Die Konzentration im Blick dieses Kurzhaardackels ist deutlich zu erkennen.

Zwergteckel wurden für die Jagd auf kleine Tiere wie Kaninchen gezüchtet. Hier ein langhaariger Zwergteckel namens Westerly Long Tale of Sharay.
Besitzer: Glen Wexler

der Jagd auf Wildschweine, Füchse und Hochwild eingesetzt. Die Jäger und Förster des 18. und 19. Jahrhunderts machten diese Hunde zu einer furchtlosen und zähen Rasse, deren Körperbau niedrig, dabei aber kräftig genug war, um in Dachsbauten einzudringen und darin mit den aggressiven Bewohnern zu kämpfen. Der Standardteckel (Dackel) wurde zur Jagd auf Dachse und Füchse, der Zwergteckel und der Kaninchenteckel für die Jagd auf Kaninchen und Hasen eingesetzt.

Der Dackel ist bereits seit Hunderten von Jahren domestiziert, wurde jedoch erst im Verlauf des letzten Jahrhunderts auch in den Vereinigten Staaten populär. Die ersten Dackel wurden etwa 1880 in die USA importiert und erfreuten sich dann für die nächsten 25 Jahre großer Beliebtheit. Wegen seiner deutschen Abstammung erlebte die Rasse dort allerdings während des 1. und 2. Weltkrieges schwere Einbrüche. Heute ist der Dackel allerdings erneut ein sehr beliebter und gefragter Hund.

Im Jahre 1994 war der Dackel in der Rangliste der am häufigsten im American Kennel Club registrierten Rassen an achter Stelle, was deutlich macht, daß seine Popularität nicht nur auf den europäischen Raum beschränkt ist. Seit 1888 werden in Deutschland beim Dt. Teckelclub (DTK, Duisburg) die Dackel registriert.

Äußerliche Merkmale und Verhalten des Dackels

Der Dackel mag ein kleiner Hund sein, jedoch verfügt er über eine große Persönlichkeit. Als echter Spürhund weiß er seine Nase sehr effektiv einzusetzen – er findet zielstrebig die besten Leckerbissen, den erkundungswürdigsten Pfad und den komfortabelsten Platz, um sich niederzulassen. Er ist allem gegenüber was er liebt hingebungsvoll, und wenn Sie in seinen Augen ein wirklicher Freund sind, werden Sie mit einem geselligen und gütigen Lebensgefährten belohnt.

Struktur und äußerliche Merkmale

In diesem Buch wollen wir uns nicht mit den Ausstellungshunden beschäftigen oder damit, wie Sie den perfekten Champion auswählen. Hier sollen dem Leser Grundinformationen über den Körperbau und die Verhaltensweisen des Dackels vermittelt werden. Über Geschmack läßt sich bekanntlich streiten, und da die Zuchtstandards sowieso immer wieder geändert werden und von Land zu Land unterschiedlich ausfallen, könnten sie als imaginäres Ideal bezeich-

net werden, das einen Hund beschreibt, den es eigentlich gar nicht gibt. Nur weil ein Hund nicht zum Champion geboren ist, kann er dennoch ein wertvolles Familienmitglied sein, wohingegen der teuerste Champion vielleicht so ganz und gar nicht in die betreffende Familie paßt.

Ein Züchter oder an Ausstellungen interessierter Halter wird seinen Hund selbstverständlich entsprechend des Zuchtstandards auswählen. Wer dagegen einen Haushund, Freund und Gefährten sucht, der sollte sich bei der Beurteilung der äuße-

Der Dachshund hat in verschiedenen Ländern unterschiedliche Namen, jedoch wird er überall gleichsam als Jagd- und Familienhund geschätzt.

Bei drei so reizenden Welpen fällt es schwer, sich für einen zu entscheiden.

Wie die Unterteilung in die Standard- und Zwergform schon andeutet, gibt es vom Dackel drei Varianten – diese unterscheiden sich weniger in der Schulterhöhe, dafür aber umso deutlicher im Gewicht. Der Zwergteckel wiegt im Alter von einem Jahr gerade 5 bis 6 kg, wohingegen der Standardteckel (Dackel) im selben Alter 7 bis 12 kg auf die Waage bringt. Da diese Hunde oftmals eine Neigung zu Fettleibigkeit zeigen, wird diese Obergrenze von Haushunden häufig noch überschritten. Es wird

ren Merkmale und der Persönlichkeit eines Dackels an eher praktischen Anhaltspunkten orientieren.

Der langgestreckte Körper ist ebenfalls das Ergebnis ihrer Genetik, was die Hunde naturgemäß extrem anfällig für Erkrankungen der Bandscheiben macht. Genaugenommen repräsentiert der Dackel die Rasse mit den meisten Krankheitsfällen dieser Art.

Aus diesem Grunde gibt es einige Verhaltensregeln, die jeder Dackelhalter kennen sollte. Wenn Sie Ihren Dackel hochheben, stützen Sie seine Brust von unten mit Ihrem Arm ab und heben ihn horizontal hoch, so daß die Wirbelsäule nicht belastet wird. Sie sollten Ihren Dackel auch nicht zum Springen ermuntern und ihn beim Treppensteigen tragen. Diese Rasse wurde für einen schnellen, effektiven, dabei aber horizontalen Bewegungsablauf geschaffen und nicht zum Springen, Klettern oder für andere vertikale Bewegungsabläufe.

auch nicht generell nur nach dem Gewicht unterteilt, sondern auch nach dem Brustumfang, der im Alter von 15 Monaten gemessen wird. Der Brustumfang ist deshalb von Bedeutung, weil die Zwerg- und Kaninchenteckel in der Lage sein mußten, in die engen Bauten von Kaninchen und Hasen einzudringen, um derer habhaft zu werden.

. . . und denken Sie dran

Das Wesen Ihres Welpen sollte sich durch Aufmerksamkeit, Neugier und Verspieltheit auszeichnen. Ängstlichkeit, Schreckhaftigkeit oder Aggressivität sind Anzeichen für sich anbahnende Verhaltensstörungen.

Fellfarbe, -pflege, und -beschaffenheit

Beim Dackel gibt es drei unterschiedliche Felltypen – Kurzhaar, Rauhhaar und Langhaar. Im American Kennel Club wurden von 1885 bis 1931 nur Kurzhaardackel registriert; erst ab 1931 wurden auch langhaarige und rauhhaarige Dackel anerkannt. Diese Felltypen sind das Ergebnis aus Auswahlzuchten. Der kurzhaarige Typ ist der am häufigste zu sehende und zeigt ein kurzes, glattes und glänzendes Fell. Gelegentlich brachten solche Kurzhaardackel

Hinblick auf die Tätigkeit der Tiere, die Dachsjagd, höchst unwahrscheinlich.

Der Rauhhaardackel kann einen Teil der Entstehungsgeschichte der Dackel darstellen, obwohl auch hier gesagt wird, daß diese Variante durch das Verpaaren von Kurzhaardackeln mit verschiedenen drahthaarigen Terriern (z.B. Scottish Terrier und Dandie Dinmont Terrier) sowie Schnauzern und Drahthaarpinschern geschaffen wurde. In jedem Fall ist unschwer zu erkennen, daß es bezüglich der Genealogie dieser Rasse noch einiges an ungeklärten Fragen gibt.

Langhaardackel haben ein fließendes, seidiges Fell, das mehr Aufmerksamkeit verlangt als die kurz- oder rauhhaarigen Rassen.

Welpen mit etwas längerem Fell zur Welt, was wahrscheinlich der Ausgangspunkt für die Zucht des Langhaardackels war. Eine andere Theorie besagt, daß die langhaarige Form durch das Verkreuzen von Kurzhaardackeln mit dem Deutschen Spaniel entstanden sei, jedoch scheint das im

Der Dackel wird in verschiedenen Fellfarben und -zeichnungen anerkannt – einfarbig: Rotbraun, rötlich Gelb, Gelb (mit oder ohne schwarze Stichelung) und zweifarbig: Schwarz-Lohbraun, Braun- Lohbraun, Grau-Lohbraun und Weiß-Gelb Selb, Merle (Amsel) und Harlekin sind als gest-

romt in Deutschland verboten. Die Rauh-
haar- und Kurzhaardackel benötigen nur
wenig Aufwand hinsichtlich ihrer Fell-
pflege. Regelmäßiges Bürsten und ein gele-
gentliches Bad sind bereits alles, was erforderlich ist, um das Fell in gutem Zustand
zu halten. Der Langhaardackel dagegen
verlangt schon etwas mehr Aufmerksamkeit, denn ohne regelmäßiges Bürsten ver-
filzt das lange Haar schnell und wird unan-
sehnlich. Es ist besonders wichtig, ihn auch
vor dem Baden zu bürsten, denn sonst ver-
klebt das Haar im Wasser und kann hinterher nicht gebürstet werden, ohne daß
man es ausreißt und dem Tier unnötige
Unannehmlichkeiten bereitet.
Die Fellfarbe und -beschaffenheit stehen
oftmals mit bestimmten Gesundheitsproblemen in Verbindung. Beispielsweise
trifft das auf eine Reihe von Augenkrankheiten zu, die für die Variante Merle homo-
zygot sind. Unter dem Begriff „homozy-
got" versteht man einen diploiden Organismus, der bezüglich eines Merkmals mit
gleichen Erbanlagen ausgerüstet ist. Bei
der Farbvariante Merle wird das verantwort-

...und denken Sie dran

Achten Sie stets darauf, daß das
Fell des ausgewählten Welpen
gesund aussieht. Es sollte glänzen und
am Körper anliegen, niemals jedoch
stumpf oder struppig wirken. Kahle
Stellen weisen auf Hauterkrankungen
oder Parasitenbefall wie Milben, Läuse
oder Flöhe hin.

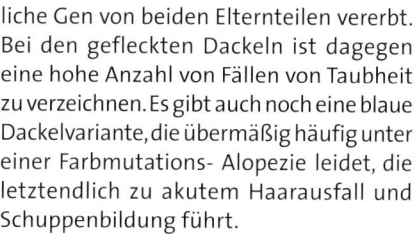

liche Gen von beiden Elternteilen vererbt.
Bei den gefleckten Dackeln ist dagegen
eine hohe Anzahl von Fällen von Taubheit
zu verzeichnen. Es gibt auch noch eine blaue
Dackelvariante, die übermäßig häufig unter
einer Farbmutations- Alopezie leidet, die
letztendlich zu akutem Haarausfall und
Schuppenbildung führt.

Verhalten und Persönlichkeit des aktiven Dackels

Das Verhalten und die Persönlichkeit sind bei
Hunden zwei Faktoren, die selbst innerhalb
einer Rasse nur schwer standardisiert werden können. Dennoch muß man vom Dackel
sagen, daß er generell ein aufgeweckter und
menschenfreundlicher Hund ist. Er ist für
seine Verspieltheit, seinen Individualismus,
seinen hohen Aktivitätsgrad und seine Ent-
schlossenheit bekannt. Der Dackel ist ausgesprochen vielseitig und somit in vielen
unterschiedlichen Hundesportarten kon-
kurrenzfähig. Dazu gehören unter anderen
auch Disziplinen wie Gehorsamkeit, Ausstellungen, Feldarbeit, Spürhund- und natürlich Jagdhundtraining. Dackel sind exzel-
lente Arbeitshunde, denn sie sind loyal, aus-
dauernd, wachsam und gehorsam. Die
gemeinsame Arbeit mit dem Menschen zu
lieben, ist ein Teil ihrer Natur.

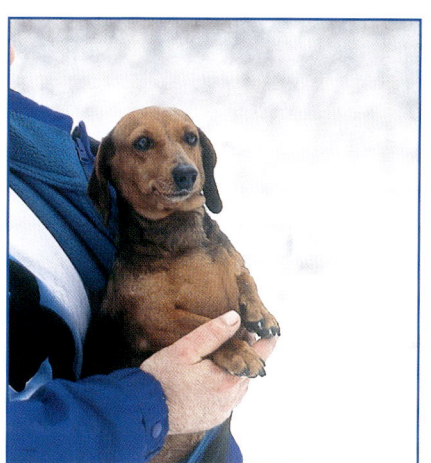

Dachshunde wis-
sen ihre Nase zu
gebrauchen. Sie
sind außerdem
sehr soziale
Hunde, die das
Zusammensein
mit dem
Menschen
lieben.

Der loyale Dachshund wird Ihnen überall hin folgen, ob nun im Freien oder in der Wohnung.

Das Verhalten und die Persönlichkeit sind bei einem Hund ungemein wichtige Qualitäten. Beim Dackel, wie auch bei anderen Rassen, kann man allerdings diesbezüglich auf einige Extreme treffen. Sie sollten deshalb bei Auswahl Ihres Welpen darauf achten, daß er keine Anzeichen für sich eventuell anbahnenden Verhaltensstörungen zeigt. Außerdem braucht auch ein kleiner Hund eine gute Erziehung und muß lernen, wo die Grenzen zu einem unakzeptablen Verhalten liegen. Aus diesem Grund sollten Sie sich am besten einer geeigneten Hundeschule anschließen. Jeder Hund

Als Dackelhalter haben Sie vielleicht Interesse an Hundesportarten wie Gehorsamstraining, Spürhundtraining oder ähnlichem.

besitzt unabhängig von seiner Größe das Potential zur Unberechenbarkeit und kann ohne eine feste Führung großen Schaden anrichten – Eigenschaften, die Sie nur dann vermeiden können, wenn Sie ihren Hund unter Kontrolle haben.

Einen Punkt, über den viele Dackelbesitzer klagen, darf man hier leider nicht unerwähnt lassen. Es ist nicht ganz einfach, einen Dackel zur Stubenreinheit zu erziehen, und man muß stets damit rechnen, daß es dann und wann zu einem „Unfall" in der Wohnung kommt.

Obwohl viele Dackel wie Schoßhunde behandelt werden und den ganzen Tag schlafend auf dem Bett verbringen dürfen, ist das nicht wirklich der Lebensstil, den sich ein Dackel wünscht. Er liebt die Abwechslung und die Teilnahme an gemeinsamen Familienaktivitäten. Dazu zählen ausgedehnte Spaziergänge, aber er ist auch als Joggingpartner und Gesell-schaftshund geeignet. Andererseits sollten Sie einen Welpen nicht unbeaufsichtigt und übermäßig herumtollen lassen, denn das erhöht das Risiko für die Entwicklung orthopädischer Probleme. Ein wohlerzogener und mit fester Hand geführter Dackel wird stets ein liebenswertes und

...und denken Sie dran

Egal ob Sie nun einen Dackel als Haushund oder zum Züchten suchen, achten Sie stets darauf, daß Sie vom Züchter einen Gesundheitspaß für Ihren Welpen bekommen. Wählen Sie nur einen Welpen aus einer Zuchtlinie, die nachweislich frei von genetisch bedingten Krankheiten ist.

treues Familienmitglied sein – Aggressivität und Unberechenbarkeit passen nicht zu einem Familienhund.

Für einen Dackelhalter gibt es viele Möglichkeiten, um gemeinsam mit seinem Hund etwas zu unternehmen. Dackel lieben ausgedehnte Spaziergänge und haben viel Spaß daran, ihre Umwelt zu erkunden. Dabei folgen sie ihrem Halter auf Schritt und Tritt, sind treue Gefährten und wachsame sowie energische Beschützer, wenn sie dahingehend ausgebildet werden. Das Bellen eines Dackels verrät den Geist eines großen Jägers, der in einem kleinen Körper steckt.

Wer mit seinem Dackel gerne tiefer in die vielen Möglichkeiten des gemeinsamen Hundesports einsteigen und vielleicht auch an dem einen oder anderen Wettbewerb teilnehmen möchte, für den bieten sich unter anderen die folgenden Trainingsarten an – Ausbildung zum Ausstellungshund, Jagdhundtraining, Leistungshundtraining, Apportieren und Gehorsamstraining.

Für einen Dackel-
halter gibt es
viele Möglichkei-
ten, um mit sei-
nem Hund etwas
zu unternehmen.
Dackel lieben
ausgedehnte
Spaziergänge
und haben Spaß
daran, ihre
Umwelt zu
erkunden.
Foto: Robert
Smith

Was Sie wissen müssen, um den perfekten Dackel zu finden

Den besten Dackel finden Sie nicht durch Zufall und auch nicht ohne das nötige Hintergrundwissen darüber, worauf Sie bei der Auswahl ganz besonders achten sollten. Die Erfahrung, einen Hund mit genetisch bedingten Gesundheitsproblemen oder Verhaltensstörungen erworben zu haben, macht meistens der, der seinen Welpen impulsiv und rein nach dessen äußerem Erscheinungsbild ausgewählt hat, ohne dabei zu beachten, auf was es wirklich ankommt.

...und denken Sie dran

Lassen Sie sich niemals von anderen zum Kauf eines bestimmten Welpen überreden, wenn Sie nicht selbst der Meinung sind, daß dieser auch Ihrer persönlichen Wahl entspricht. Geschmäcker sind nun einmal verschieden, und von der Richtigkeit Ihrer Wahl muß niemand außer Ihnen selbst überzeugt sein.

Die nächsten Seiten dieses Buches sollen Ihnen, dem interessierten zukünftigen Besitzer eines Dackels, eine nützliche Hilfe bei der richtigen Auswahl Ihres neuen Gefährten sein.

Kürzlich wurde eine Studie durchgeführt um zu ergründen, ob die Schwere und Häufigkeit von Haltungsproblemen eventuell im Zusammenhang damit steht, ob das Tier aus dem Tierhandel, von einem Züchter, privaten Vorbesitzer oder aus einem Tierheim stammt. Überraschenderweise konnten dabei keine auffälligen Unterschiede in der Häufigkeit auftretender Probleme festgestellt werden, dafür erwiesen sich jedoch ganz spezifische Schwierigkeiten als stark von der Bezugsquelle abhängig. Somit können Sie sich genau genommen auf keine dieser Bezugsadressen hundertprozentig verlassen, denn es gibt einfach keine Standards, an die sich Ihr Urteilsvermögen generell halten kann.

Die meisten Tierärzte werden zum Kauf bei einem „guten" Züchter raten, doch gibt es keinen sicheren Weg, einen solchen einwandfrei unter vielen herauszufinden, es sei denn, Sie haben bereits persönliche Erfahrungen auf diesem Gebiet gesammelt. Die Tatsache, daß ein Züchter bereits einen oder mehrere Champions hervorgebracht hat, ist noch lange keine Garantie dafür, daß er nicht auch hier und da Tiere mit genetischen Defekten unter seinen Welpen hat.

Die beste Quelle ist daher die, wo regelmäßig genetische Untersuchungen an den Eltern und Welpen durchgeführt werden und deren Dokumentation der Käufer einsehen kann. Wer einen Familien- oder Haushund sucht, sollte sich keine Gedanken darüber machen, ob der erwählte Welpe Ausstellungsqualitäten besitzt. Ein kleiner Makel hier oder da, der das Tier als einen Ausstellungsgewinner disqualifizieren würde, hat keinerlei Einfluß auf dessen Eignung zu einem liebenswerten und gesunden Haushund. Außerdem werden viele in Privathand befindliche Hündinnen sowie-

Bevor Sie sich in
einen Welpen
verlieben, sollten
Sie etwas recher-
chieren, um
sicher zu sein,
daß Sie auch ein
gesundes Tier
aus guter Zucht
erwerben.

so sterilisiert und nicht zur Zucht verwendet. Sie sollten sich also eher auf die Merkmale konzentrieren, die für Sie persönlich die wichtigsten sind.

Was braucht ein Dackel?

Bevor Sie sich zum Kauf eines Dackels aus guter Quelle entscheiden, sollten Sie sich bereits einige Gedanken darüber gemacht haben, was Ihr neuer Hausgenosse alles benötigt, um sich richtig wohl zu fühlen. Der Dackel stellt auch als kleiner Hund

debett plaziert, das zum Einen der Größe des Hundes angepaßt sein muß und zum Anderen eine herausnehmbare, waschbare Unterlage haben sollte. Der Fachhandel bietet in dieser Hinsicht eine reichhaltige Auswahl an verschiedensten Formen und Materialien.

Neben dem festen Schlafplatz sollte dem Tier auch ein permanenter Freßplatz eingerichtet werden, beispielsweise in der Küche. Hier haben Freß- und Wassernapf ihre festen Plätze; beide sollten aus einem

Heranwachsende Welpen können auf viele Krankheiten und auch auf ihr Temperament hin untersucht werden.

nicht zu unterschätzende Platzansprüche. Neben dem regelmäßigen Auslauf mit Ihnen im Freien braucht er auch eine gewisse Bewegungsfreiheit in der Wohnung, also einen Teil eines Raumes, in dem er ausgelassen spielen kann. Außerdem wird ein fester Schlafplatz benötigt, wo sich der Hund sicher fühlt und den er jederzeit aufsuchen kann. Hier wird auch das Hun-

leicht zu reinigenden Material bestehen und rutschfest sein. Der Wassernapf muß dem Hund unbedingt jederzeit zugänglich sein. Es empfiehlt sich, für den Dackel kleinere Näpfe auszuwählen, damit seine Ohren beim Fressen nicht ständig im Futter hängen.

Natürlich gehören auch ein Halsband und eine Leine zur Grundausstattung Ihres

Hundes. Beide sollten ebenfalls der Größe des Tieres entsprechen und aus Leder oder einem reißfesten Textilmaterial sein. Für größere Hunde wird eher zu einem Kettenhalsband geraten, denn es erleichtert die Kontrolle des Hundes bei der Leinenführung. Für den Dackel ist jedoch ein Leder- oder Textilhalsband besser geeignet. Das Halsband darf keinesfalls zu eng sein, sollte jedoch auch nicht so weit sein, daß der Hund es mit den Pfoten abstreifen kann. Alle Halsbänder sind generell in der Wohnung oder beim Spielen im Garten abzunehmen, denn sie bergen die Gefahr, daß der Hund damit an Gegenständen hängenbleibt und sich bei dem Versuch, sich zu befreien, stranguliert.

Nicht zuletzt braucht Ihr Dackel etwas, womit er sich beschäftigen kann – Spielzeug. Wenn Sie verhindern wollen, daß sich Ihr Hund an Möbeln, Teppichen, Kleidungsstücken oder dem Spielzeug Ihrer

...und denken Sie dran

Ein Leder- oder Textilhalsband hat die richtige Größe, wenn Sie ein bis zwei Finger bequem unter das Halsband schieben können, dabei jedoch nicht in der Lage sind, es im geschlossenen Zustand über den Hinterkopf und die Ohren des Hundes zu ziehen. Eine Halskette ist groß genug, wenn die vier Finger einer Hand hochkant zwischen Kette und Hals des Hundes passen.

Kinder vergreift, dann sollten Sie ihm sein eigenes Spielzeug zur Verfügung stellen. Auch hier bietet der Fachhandel eine große Auswahl, die den Kunden vor die Qual der Wahl stellt. Die wichtigsten Punkte bei der Entscheidung für ein Spielzeug sind jedoch

Links im Bild ein Langhaarzwergteckel schwarzrot zwei Jahre alt und rechts im Bild ein drei Jahre alter Langhaarzwergteckel mit roter Fellfarbe.
Foto: K. Schwartz

Die Eltern Ihres Welpen sollten auf etwaige Krankheiten hin untersucht werden.

die, daß es groß genug sein muß, um nicht verschluckt werden zu können, andererseits aber auch nicht zu groß oder zu schwer sein darf. Das Spielzeug sollte unbedingt aus einem gesundheitlich unbedenklichen Material hergestellt sein, das nicht zerbrechen kann und keine spitzen oder scharfen Kanten hat oder das Wohlergehen des Hundes in anderer Weise gefährdet.

Das Wichtigste aber ist, daß Sie Ihrem Dackel die Zeit und Aufmerksamkeit widmen können, die er verlangt. Regelmäßige Spaziergänge und anderweitige Bewegung im Freien sind ausgesprochen wichtig. Es reicht nicht aus, ihn nur hin und wieder an die nächste Straßenecke zu führen, wo er sein „Geschäft" erledigen kann. Ein Hund wie der Dackel braucht tägliche Bewegung im Freien.

Medizinische Untersuchung

Ob Sie sich nun an einen Züchter, ein Tierheim oder den Tierfachhandel wenden, die Zielsetzung sollte stets dieselbe sein: Sie möchten einen Dackel finden, der gut in die Familie paßt und der auf medizinische und verhaltensbedingte Probleme untersucht werden kann, bevor Sie sich endgültig für ihn entscheiden. Wenn der betreffende Verkäufer solche Untersuchungs-

ergebnisse nicht vorweisen kann, sollten Sie sich in jedem Fall vorher mit einem Tierarzt beraten. Jeder Züchter, der Welpen zum Verkauf anbietet, sollte gewöhnlich nichts dagegen haben, wenn Sie das Tier erst einem Tierarzt vorführen möchten, bevor Sie sich letztendlich zum Kauf entschließen. Werden Ihnen die Papiere oder die Möglichkeit zu einem Gesundheitstest verweigert, sollten Sie sich besser nicht nur mit einer „Umtauschgarantie" zufriedengeben, sondern vielleicht doch gleich nach einer anderen Quelle Ausschau halten.

In jedem Fall sollten Sie, auch wenn Sie

alle nötigen Unterlagen erhalten und sich bereits zum Kauf entschieden haben, nicht auf einen baldigen Besuch beim Tierarzt verzichten.

Der Begriff „Reinrassig" wird oft einfach dahingehend interpretiert, daß keine andere Rasse in die Zuchtlinie eingekreuzt wurde. Er zeichnet sich jedoch auch dadurch aus, daß keine oder zumindest keine eng miteinander verwandten Tiere derselben Rasse verpaart wurden, wie z.B. der Vater mit der Tochter oder die Mutter mit dem Sohn sowie Geschwister untereinander. Ein zuverlässiger Züchter händigt dem Käufer gewöhnlich mit den Zuchtpapieren einen Stammbaum aus. Diese Ahnentafel gibt dem Käufer Auskunft über die Abstammung seines Hundes und reicht gewöhnlich vier Generationen zurück. Desweiteren sind dem Stammbaum das Wurfdatum, die Zuchtbuchnummer, das Geschlecht, die Daten der Elterntiere, Großeltern und so weiter zu entnehmen. Bei Hunden aus den Zuchtverbänden angeschlossenen Zuchten,

die die Anerkennung der FCI besitzen, findet sich auch die Abkürzung FCI und die des Landesverbandes (für Deutschland VDH). Die Ahnentafel ist durch ein notarisches Siegel an der linken unteren Ecke auf seine Echtheit zu prüfen. Wer daran interessiert ist, seinen Hund auf Ausstellungen vorzuführen, muß unbedingt darauf achten, daß diese Abkürzungen, oder zumindest eine davon, aus der Ahnentafel ersichtlich sind, denn nur dann wird der Hund zu Ausstellungen zugelassen.

Obwohl beim Dackel die Anzahl der Fälle von orthopädischen Problemen rückläufig ist, so ist die Rasse doch nicht absolut frei davon. Deshalb ist es das Bestreben verantwortungsbewußter Züchter, durch vorsorgliche Untersuchungen und Tests sicherzustellen, daß es nicht durch das Züchten mit diesbezüglich vorbelasteten Hunden zu einer Häufung von Deformationen kommt.

Alle Dackel können außerdem auf die Von-Willebrand-Krankheit hin untersucht wer-

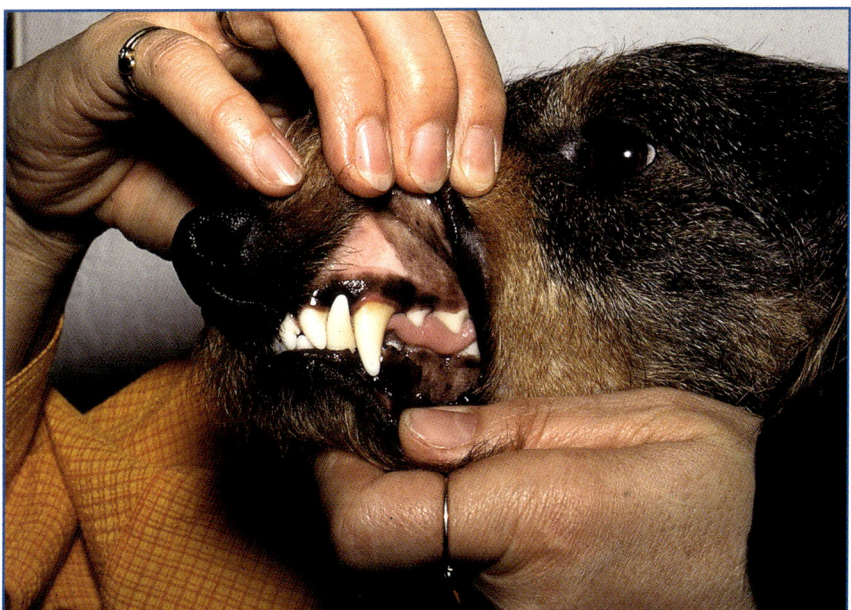

Im Alter von sechs Monaten ist der Zahnwechsel meist beendet. Der Tierarzt kann nun feststellen, ob die Stellung der Zähne und der Biß korrekt ist.
Foto: Archiv bede-Verlag

den. Allerdings ist diese Krankheit in Deutschland nicht sehr weit verbreitet und eine Untersuchung hierfür ist nur nötig, wenn Sie ein Tier aus dem Ausland einführen möchten. Hierfür ist ein einfacher Bluttest ausreichend, und gerade weil die Anzahl der Krankheitsfälle in der Rasse hoch genug ist, gibt es keine Entschuldigung dafür, wenn der Züchter diese Vorsorgeuntersuchung vernachlässigt.

Bei Hunden, die älter als ein Jahr sind, ist auch zu einem Schilddrüsentest zu raten. Die Von Willebrand-Krankheit kann in Verbindung mit einer Schilddrüsenunterfunktion auftreten, was beim Dackel nicht selten der Fall ist. Außerdem sollte ein Urintest Aufschluß über eventuelle Harnleiterrinfektionen und die Bildung von „Steinen" geben, denn die Rasse leidet häufig unter Cystinurie. Wenn Anzeichen für Haar-

Damit Ihr Hund ein erfülltes Leben an Ihrer Seite führen kann, sollte er frühzeitig auf sich möglicherweise anbahnende Probleme untersucht werden.

ausfall vorhanden sind, sollte ein Hautgeschrabsel auf Demodexmilben (Rote
Räude) untersucht werden.
Der Tierarzt sollte außerdem eine gründliche Augenuntersuchung durchführen.
Die häufigsten Augenerkrankungen bei
Dackel sind Grauer Star, Nickhautvorfall
und Netzhautdysplasie. Es ist ratsam, sich
für einen Welpen zu entscheiden, dessen
beide Elternteile auf vererbbare Augenkrankheiten hin unter-
sucht und als „sauber"
erklärt wurden. Auch
hierbei sollten Sie sich
besser auf eine schrift-
liche Bestätigung als
auf eine mündliche
Aussage verlassen.

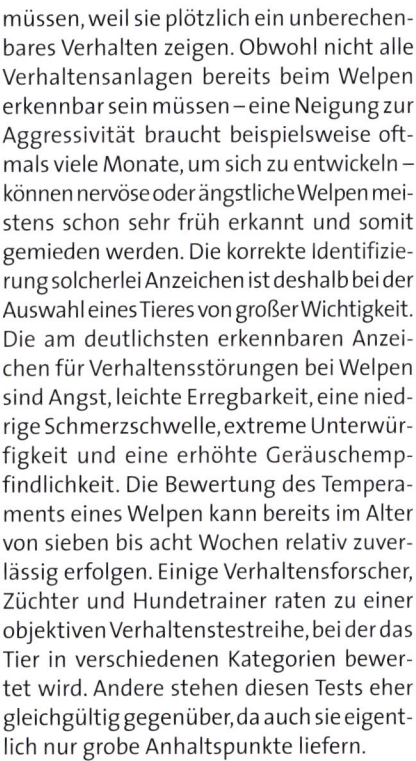

...und denken Sie dran

Die meisten Welpen werden in
einem Alter zwischen 6 und 8
Wochen zum Verkauf freigegeben. Achten Sie unbedingt darauf, daß Sie einen
Impfpaß ausgehändigt bekommen, in
dem die dem Alter des Hundes entsprechenden, bereits verabreichten
Impfungen eingetragen sind. So erhalten Sie einen Überblick, welche Impfungen der Welpe noch und wann
erhalten muß.

Verhaltenstests

Medizinische Untersu-
chungen sind wichtig,
jedoch sollten Sie dar-
über keinesfalls das
Temperament eines
Hundes vergessen. Es
werden jährlich mehr
Hunde aufgrund von
Verhaltensstörungen
eingeschläfert als infol-
ge physischer Gesund-
heitsprobleme. Verhal-
tenstests sind daher ein
wichtiger, wenn auch
nicht unfehlbarer
Bestandteil der Grund-
untersuchung. Die Be-
gründung dafür liegt
einfach in der Tatsache,
daß viele Hunde letzt-
endlich getötet werden

müssen, weil sie plötzlich ein unberechen-
bares Verhalten zeigen. Obwohl nicht alle
Verhaltensanlagen bereits beim Welpen
erkennbar sein müssen – eine Neigung zur
Aggressivität braucht beispielsweise oftmals viele Monate, um sich zu entwickeln –
können nervöse oder ängstliche Welpen meistens schon sehr früh erkannt und somit
gemieden werden. Die korrekte Identifizie-
rung solcherlei Anzeichen ist deshalb bei der
Auswahl eines Tieres von großer Wichtigkeit.
Die am deutlichsten erkennbaren Anzeichen für Verhaltensstörungen bei Welpen
sind Angst, leichte Erregbarkeit, eine nied-
rige Schmerzschwelle, extreme Unterwür-
figkeit und eine erhöhte Geräuschempf-
findlichkeit. Die Bewertung des Tempera-
ments eines Welpen kann bereits im Alter
von sieben bis acht Wochen relativ zuver-
lässig erfolgen. Einige Verhaltensforscher,
Züchter und Hundetrainer raten zu einer
objektiven Verhaltenstestreihe, bei der das
Tier in verschiedenen Kategorien bewertet wird. Andere stehen diesen Tests eher
gleichgültig gegenüber, da auch sie eigentlich nur grobe Anhaltspunkte liefern.

…und denken Sie dran

Bevor Sie sich zum Kauf eines bestimmten Welpen entschließen, bitten Sie den Züchter darum, etwas Zeit mit dem Hund verbringen zu dürfen. Nehmen Sie ihn hoch, spielen Sie mit ihm und beobachten Sie dabei aufmerksam sein Verhalten und seine Reaktionen. Sind Sie mit dem Ergebnis nicht zufrieden, schauen Sie sich besser nach einer Alternative um.

Generell wird ein solcher Test in drei Phasen und von einer Person durchgeführt, die dem Welpen unbekannt ist. Die Untersuchung darf jedoch nicht innerhalb von 72 Stunden nach einer Impfung oder einer Operation stattfinden. Zuerst wird der Welpe in der Gruppe beobachtet und gehandhabt, um so sein Sozialverhalten zu testen. Werden dabei offensichtliche Anzeichen für ein gestörtes Sozialverhalten entdeckt – Schüchternheit, Hyperaktivität oder unkontrolliertes Beißen – ist das Tier wahrscheinlich ungeeignet. Anschließend wird der Welpe von seinen Eltern und Geschwistern getrennt und beobachtet, wie er reagiert, wenn mit ihm gespielt und er beim Namen gerufen wird. In der dritten Testkategorie wird er dann

Bei Verhaltenstests wird zuerst das Verhalten des Welpen in der Gruppe beobachtet, um sein Sozialverhalten zu prüfen.
Foto: K. Schwartz

auf verschiedene Art stimuliert, und es werden seine Reaktionen verfolgt. Dazu gehören Übungen, wie den Welpen auf die Seite zu legen, das Fell zu bürsten und die Krallen anzufassen, ein vorsichtiger Griff um die Schnauze sowie die Reaktionen auf unbekannte Geräusche.

Bei einer Studie, die in der psychologischen Abteilung der Staatlichen Universität von Colorado durchgeführt wurde, stellte sich heraus, daß in dieser dritten Testphase auch der Herzschlag einen guten Anhaltspunkt bietet. Dazu wird zunächst die Anzahl der Herzschläge im Ruhezustand ermittelt, anschließend werden die Tiere durch ein lautes Geräusch stimuliert und dann gemessen, wie lange das Herz bis zum Wiedererreichen der normalen Schlagfolge in Ruhestellung benötigt. Im Durchschnitt erholten sich die Welpen innerhalb von 36 Sekunden von ihrem Schreck. Solche, die erheblich länger brauchten, um sich wieder zu beruhigen, wurden als zur Ängstlichkeit neigend eingestuft.

Die Beurteilung solcher Testreihen findet in numerischer Form statt, wobei meistens elf verschiedene Übungen bewertet werden. Die „1" wird für besonders hervorzuhebende, positive Reaktionen und Verhaltensweisen vergeben, wohingegen das Bekunden von Desinteresse, Kontaktarmut und Passivität mit der schlechte-

sten Benotung, der „6", bedacht werden. Zu den zu testenden Verhaltensweisen gehören das Sozialverhalten gegenüber Menschen, Folgsamkeit, Zurückhaltung, soziale Dominanz, ob und wie sich das Tier durch den Prüfer vom Boden hochnehmen läßt, Apportieren, Berührungsempfindlichkeit, Geräuschempfindlichkeit, Jagdinstinkt sowie der Energiegrad. Obwohl diese Tests keinen zuverlässigen

Routinemäßige Untersuchungen auf eventuell vorhandene, genetisch bedingte Augenkrankheiten sind wichtig.

Aufschluß über das tatsächliche Temperament des Welpen geben, liefern sie dennoch wichtige und damit praktisch brauchbare Anhaltspunkte zu bestimmten Verhaltensanlagen. Sie ermöglichen somit auch das Erkennen von Tieren, die zu extremen Verhaltensweisen neigen.

Hier die Ahnen-
tafel eines
Teckels. Wichtig
ist, daß die
Ahnentafel eine
Originalunter-
schrift trägt.

unten: Verhal-
tenstests geben
zwar keinen
zuverlässigen
Aufschluß über
das tatsächliche
Temperament
des Welpen, lie-
fern aber wichti-
ge Anhaltspunk-
te dazu und las-
sen somit
extreme Verhal-
tensweisen
erkennen.
Foto: Heike
Kellen

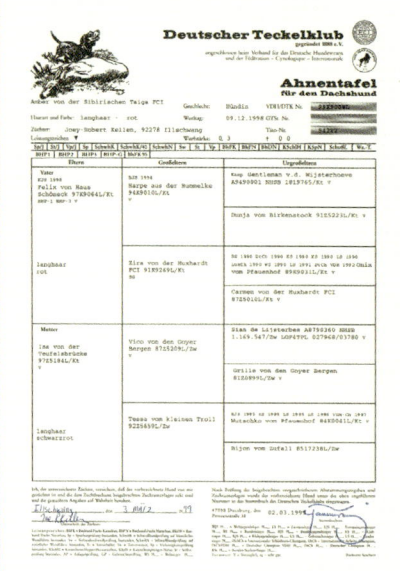

Organisationen, die Sie kennen sollten

Die Rasse des Dackels genießt heute internationale Anerkennung durch folgende
Institutionen: FCI (Fédération Cynologique Internationale), AKC (American Kennel Club), UKC (United Kennel Club), TKC
(The Kennel Club of Great Britain), CKC
(Canadian Kennel Club) und VDH (Verband
für das Deutsche Hundewesen e.V.). Die
letztgenannte Institution ist der nationale Hundezuchtverband Deutschlands, dem
mehr als 140 Rassezuchtvereine angeschlossen sind und der in Dortmund ansäs-
sig ist. Er ist außerdem das mitglieder-
stärkste Mitglied der FCI und verantwortlich für die Führung von Zuchtbüchern, die
Organisation von Ausstellungen, Lei-
stungsprüfungen und die Präsentation
aller Hunderassen. Allein in Deutschland
sind 59 Rassen aus den Zuchten
hervorgegangen, und auch in der
Gebrauchshundklasse sind deutsche Rassen weltweit führend.

Die FCI ist die Dachorganisation in
der Hundezucht und repräsentiert
eine Vielzahl von Ländern. Dabei
handelt es sich im Besonderen um
die Staaten Europas, die gemein-
gültige Regeln für die Anerkennung der Rassen und die Zucht
erlassen haben. Aufgrund der
Anerkennung der einzelnen Rassen innerhalb der Mitgliedsländer
der FCI umfaßt das dort geführte
Register etwa 400 verschiedene
Rassen. Jede dieser Rassen kon-
kurriert um diverse internationale Championate.

Verband für das Deutsche Hundewesen e.V. (VDH)
Westfalendamm 174
44141 Dortmund

Clubadresse
Deutscher Teckelclub (DTK)
Prinzenstraße 38
47058 Duisburg
www.dtk1888.de

Fédération Cynologique Internationale (FCI)
13 Place Albert I
B - 6530 Thuin/Belgien

Intern. Rasse-Jagd-Gebrauchs-Hunde-Verband e.V.
Pörndorf-Moos 7
94501 Aldersbach

**Registrierung von Deutschen Hunden:
Haustierzentralregister für Deutschland e.V. TASSO**
Postfach
65784 Hattersheim
www.tasso.net

Deutscher Tierschutzbund
Baumschulallee 15
53115 Bonn
www.tierschutzbund.de

Was Sie täglich entscheiden müssen, um einen Dackel ein Leben lang gesund zu erhalten

Bei der Aufzucht eines gesunden Dackels ist die Ernährung natürlich einer der wichtigsten Punkte. Es handelt sich hierbei jedoch auch um ein vielfach umstrittenes Thema zwischen Züchtern, Tierärzten, Hundehaltern und Hundefutterherstellern. Allerdings haben viele der dabei gebrauchten Argumente einen eher kommerziellen als wissenschaftlichen Hintergrund.

Werfen wir zuerst einen Blick auf die vielen Hundefutterarten und untersuchen dann die Bedürfnisse unserer Hunde. Dieses Kapitel befaßt sich wiederum mehr mit dem Dackel als „Haushund" und weniger mit dem Ausstellungshund.

Es ist sehr wichtig, darauf hinzuweisen, daß keinesfalls rohes Schweinefleisch an den Teckel verfüttert werden darf, da hier ein Herpesvirus – in der Fachsprache Aujeszky Krankheit genannt – auftreten kann.

Kommerzielles Hundefutter

Für den Hersteller von kommerziellen Futterarten sind zwei Grundfaktoren ausschlaggebend – wie gewinnt man den Verbraucher für das Produkt und erfüllt gleichzeitig die spezifischen Ansprüche der Hunde. Einige Produkte werden wegen ihres hohen Proteingehalts hervorgehoben, andere beinhalten „spezielle Zutaten" und wieder andere verkaufen sich, weil sie eben bestimmte Stoffe nicht enthalten, wie beispielsweise Konservierungsstoffe oder Sojamehl.

Der Verbraucher, also in unserem Fall der Hundehalter, wünscht sich ein Futter, das die speziellen Bedürfnisse seines Hundes deckt, preiswert ist und keine, oder zumindest möglichst wenige unerwünschte Folgeerscheinungen verursacht. Die meisten kommerziellen Arten werden als Trocken-, halbfeuchtes oder in Büchsen abgefülltes Futter angeboten.

Das Trockenfutter in Form von Pellets oder Flocken ist das ökonomischste, weist den niedrigsten Fettgehalt auf und ist am längsten haltbar. Büchsenfutter ist vergleichsweise teuer, enthält gewöhnlich neben mindestens 75% Wasser auch den höchsten Fettanteil und besitzt darüberhinaus, geöffnet, die kürzeste Haltbarkeitsdauer. Halbfeuchte Futterarten sind ebenfalls teuer und aufgrund ihres hohen Zuckergehaltes nicht generell für Hunde zu empfehlen.

Beim Kauf von kommerziellen Futtersorten sollte unbedingt darauf geachtet werden, daß nicht nur die Zusammenstellung der enthaltenen Nährstoffe ausgewogen ist, sondern auch darauf, daß diese Zusammenstellung dem Alter und damit den individuellen Bedürfnissen des Hundes entspricht. Alte Hunde benötigen eine ande-

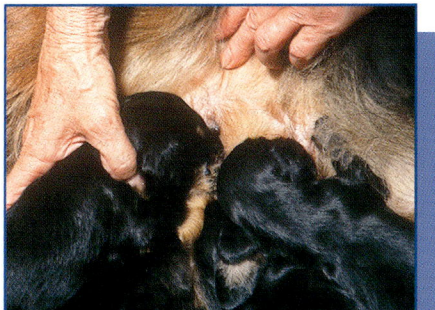

gen. Die Erstmilch (Kolostralmilch) ist stark mit Antikörpern angereichert und bewahrt die Welpen so innerhalb ihrer ersten Lebensmonate vor Infektionskrankheiten. Welpen sollten mindestens sechs Wochen lang gesäugt werden, bevor die endgültige Entwöhnung statt-

Neugeborene Welpen werden durch ihre Mutter mit wertvoller Kolostralmilch versorgt. Diese ist nämlich mit Antikörpern angreichert,

re Nährstoffzusammensetzung als erwachsene, Junghunde oder Welpen. Außerdem sollte dem Aufdruck der Verpackung neben den Hinweisen, für welche Altersstufen das Futter geeignet ist und einer Aufstellung der Inhaltsstoffe nebst deren Nährwerten, auch eine Anleitung zu den Portionierungen zu entnehmen sein – Gewicht des Hundes = Gramm Futter pro Tag. Die wichtigsten Grundregeln für eine gesunde Ernährung sind abgesehen von der Auswahl des richtigen Futters und dem Verabreichen geeigneter Portionen: kein zu kaltes oder zu heißes Futter, Futterreste sofort aus dem Napf entfernen, sobald der Hund zu fressen aufhört, kein rohes Fleisch verfüttern, ständig frisches Wasser zur Verfügung stellen und Ruhe nach den Mahlzeiten.

Gesunde Hunde haben einen gesunden Appetit und sollten damit dies so bleibt nur mit hochwertigem Futter ernährt werden.

Ernährung von Welpen

Kurz nach ihrer Geburt, zumindest jedoch innerhalb von 24 Stunden danach, sollte die Hündin beginnen, ihre Welpen zu säu-

findet. Mit den ersten Beifütterungen kann bereits im Alter von drei Wochen begonnen werden. Ab der ersten Fütterung sollten die Welpen mit speziellem Welpenfutter ernährt werden. Sie befinden sich nun in einem wichtigen Wachstumsalter, weshalb sich ein in dieser Zeit entstehender Nährstoffmangel oder eine Unausgewogenheit stärker niederschlägt und größeren Schaden anrichtet als in jedem anderen Alter. Das heißt mit anderen Worten, Überfütterungen sind genauso zu vermeiden wie Verabreichungen von speziellen Leistungsfutterarten. Das Überfüttern eines Dackels führt zu Übergewicht, das wiederum ernsthafte Schäden am Knochengerüst wie Osteochondrose und Hüftgelenksdysplasie begünstigen kann.

Das spezielle Welpenfutter sollte bei Dackelwelpen bis zu einem Alter von sechs bis neun Monaten beibehalten werden. Generell ist bis zur Umstellung von Welpenfutter auf eines für erwachsene Dackel zu einer dreimaligen Fütterung pro Tag zu raten. Danach können die Fütterungen dann auf zwei- oder auch einmal täglich umgestellt werden, wobei zwei Mahlzeiten pro Tag der Vorzug zu geben ist. Sie sollten allerdings nur dann auf eine Futtersorte für adulte Hunde umstellen, wenn sie keines finden, daß speziell für Junghunde (1 bis 2 Jahre) gedacht ist. Welpenfuttersorten haben einen höheren Kaloriengehalt als solche für erwachsenen Hunde, weshalb einige Tierärzte es vorziehen, die übergewichtgefährdeten Dackel bereits früher, spätestens aber mit einem Jahr, auf eine kalorienärmere Ernährung umzustellen. Im Zweifelsfall ist es jedoch das Beste, Ihren Tierarzt nach der richtigen Futterzusammensetzung und -menge zu befragen.

Sie sollten stets daran denken, daß Welpen und Junghunde eine ausgewogene Ernährung brauchen. Sie sollten sich deshalb aber nicht dazu verleiten lassen, dem Futter willkürlich Protein-, Vitamin- und Mineralstoffgaben beizumischen. Kalziumbeigaben haben in zu hohen und zu häufigen Dosierungen, besonders bei

größeren Hunderassen, bereits in vielen Fällen zu Knochen- und Knorpeldeformationen geführt. Die kommerziellen Welpenfutter sind generell mit größeren Kalziummengen angereichert, weshalb ein zusätzliches Dazufüttern meistens in eine Überdosierung ausartet. Es ist heute bewiesen, daß ein solches Zuviel des Guten zu schweren Schädigungen beim heranwachsenden Hund führt.

Futter für den erwachsenen Hund

Das Ernährungsziel bei erwachsenen Hunden ist „zu erhalten". Mit anderen Worten ausgedrückt – der Hund hat die Wachs-

Das Halsband des Hundes sollte nicht zu eng anliegen, allerdings darf es auch nicht so locker sitzen, daß der Hund es leicht mit den Pfoten abstreifen kann.
Foto: Archiv bede-Verlag

versorgen ihn deshalb mit einem seinen Bedürfnissen angepaßten Futter und seinem Gewicht sowie Aktivitätsgrad entsprechenden Portionen, damit es weder zu einem zu starken Gewichtsabbau noch zu Übergewicht kommt.

Die Tatsache, daß der erwachsene Hund nicht mehr wächst, hat nicht zu bedeuten, daß er deshalb bei einer falschen oder unausgewogenen Ernährung keinen Schaden nimmt. In diesem Fall ist es jedoch so, daß die dadurch auch bei ihm entstehenden Probleme länger im Verborgenen bleiben und, werden sie letztendlich doch bemerkt, nur noch sehr schwer oder überhaupt nicht mehr zu beheben sind. Also, auch bei einem erwachsenen Hund muß auf die Qualität des Futters geachtet werden, um das, was Sie im Welpenalter mit Liebe und Bedacht aufgebaut und erreicht haben, auch weiterhin zu erhalten.

Neben den Futtersorten, die hauptsächlich eine Zusammensetzung aus pflanzlichen und tierischen Stoffen aufweisen, ist gegen eine Ernährung mit Futter auf Getreidebasis nichts einzuwenden. Ganz im Gegenteil sind diese Futterarten ausgesprochen ökonomisch, und die meisten Hunde profitieren von einem Futter, das sich aus leichtverdaulichen und dennoch nahrhaften Bestandteilen zusammensetzt. Der Dackel ist für diese Futtersorten besonders gut geeignet, denn pflanzliche Proteine enthalten mehr Aminosäuren als Fleisch. Das ist deshalb wichtig, weil Dackel oft unter einem Stoffwechseldefekt leiden, der zum Verlust der Aminosäure Cystin führt, was zur Bildung von Nierensteinen führt. Diese Steine lösen sich besser bei alkalischem Urin, wohingegen Fleisch den Urin mehr ansäuert, was wiederum die Bildung von „Steinen" begünstigt. Die Prei-

tumsphase hinter sich und ist hoffentlich zu einem gesunden und gut gebauten Hund herangewachsen, was jedoch nicht heißt, daß er nun mit minderwertigem Futter oder „Küchenabfällen" ernährt werden kann, ohne dabei auf Dauer Schaden zu nehmen. Das Futter muß nach wie vor ausgewogen sein, kann jedoch weniger der speziellen Inhaltsstoffe für ein gesundes Wachstum enthalten. Der Organismus eines erwachsenen Hundes stellt andere Ansprüche als der eines Welpen, was bei der Zusammenstellung von kommerziellen Futterarten vom Hersteller berücksichtigt wird. Wir wollen, daß der gesunde Hund auch gesund erhalten wird und

se für solche Futtersorten bewegen sich im Vergleich mit den sehr teuren Super-Premium-Sorten und den sogenannten Billigfutterarten irgendwo in der Mitte. Sie sollten sich jedoch stets weniger am Preis, der Bekanntheit des Herstellernamens oder am Proteingehalt allein, sondern eher an der gesamten Zusammensetzung und daran orientieren, ob das betreffende Futter den Ernährungsansprüchen Ihres Hundes gerecht wird. Im Zweifelsfall fragen Sie am besten Ihren Tierarzt um Rat.

Ein aktiver, heranwachsender Welpe hat einen höheren Kalorienbedarf als ein bereits ruhigerer Althund.

Ansprüche im Alter

Im Alter von etwa sieben Jahren wird der Dackel als alter Hund bezeichnet. Diese Phase bringt nicht nur ein etwas gezügelteres Temperament, sondern gleichfalls einige andere Veränderungen mit sich, durch die sich auch die Ernährungsansprüche des Hundes verschieben.

Wenn Hunde in die Jahre kommen, verändert sich genau wie beim Menschen der Stoffwechsel, das heißt, er wird langsamer, und diesem Umstand muß Rechnung getragen werden.

Wenn einem älteren Hund die gleichen Por-

tionen wie einem jüngeren verabreicht werden, resultiert das durch den verlangsamten Stoffwechsel in einer Gewichtszunahme. Übergewicht ist aber das Letzte, was Sie speziell bei einem älteren Hund wollen, denn dadurch erhöht sich das Risiko für etliche andere Gesundheitsprobleme. Mit zunehmendem Alter verlangsamen sich auch die Funktionen der Organe – das Verdauungssystem, die Leber, Bauchspeicheldrüse und Gallenblase arbeiten nicht mehr wie bei einem jungen Hund. Das Verdauungssystem hat nun schon Probleme damit, all die Nährstoffe aus dem Futter zu extrahieren, und eine langsam voranschreitende Beeinträchtigung der Nierenfunktion ist eine völlig normale Alterserscheinung.

Der Halter eines älteren oder alten Hundes muß in erster Linie verstehen lernen, daß ein bestimmter Grad an körperlicher Degeneration im Alter etwas Normales ist, denn das ist der erste Schritt zu einer altersgerechten Ernährung. Das Ziel liegt darin, den potentiellen Schaden so gering wie möglich zu halten, indem wir das Wissen um die Alterserscheinungen bereits in die Ernährung mit einbeziehen, wenn der Hund noch gesund ist und nicht erst, wenn er bereits an den Folgen einer nicht altersgerechten Ernährung erkrankt ist.

Ältere Hunde müssen individuell behandelt werden. Während einige von den kommerziellen Seniorenhundefutterarten profitieren, bekommen anderen das extrem leichtverdauliche Welpenfutter oder die als Super-Premium bezeichneten Sorten besser. Das letztgenannte Futter beinhaltet eine hervorragende Mischung aus gut verdaulichen Zutaten und Aminosäuren, jedoch weisen einige Sorten leider einen für ältere Hunde zu hohen Salz- und Phosphorgehalt auf.

Ein weiterer Punkt bei älteren Hunden ist

Ernährungsplan für den gesunden Dackel

Junger Dackel bis 9 Monate

Erhöhter Bedarf an Rohproteinen, Rohfetten und Calcium/Phosphor;
verminderter Bedarf an Kohlehydraten

Aktiver erwachsener Dackel

Erhöhter Bedarf an Rohproteinen, Rohfetten und Rohfasern;
verminderter Bedarf an Kohlehydraten

Übergewichtiger Dackel

Erhöhter Bedarf an Kohlehydraten und Rohfasern;
verminderter Bedarf an Rohfetten und Rohproteinen

Dackel im Alter

Erhöhter Bedarf an Kohlehydraten und Rohfasern;
verminderter Bedarf an Rohfetten, Rohproteinen und Phosphor/Natrium

Allergischer Dackel

Hypoallergene Diät aus Lamm und Reis;
kein Soja- und Rindereiweiß, keine Weizenstärke

die stärkere Anfälligkeit für Arthritis, weshalb Übergewicht unbedingt vermieden werden muß, denn es bedeutet für die Gelenke eine unnötige Belastung. Bei Hunden mit Gelenkschmerzen kann eine Anreicherung des Futters mit Fettsäuren wie einer Mischung aus Cis-Linolensäure, Gamma-Linolensäure und Eicosapentenolsäure Wunder wirken.

Andere Ernährungsansprüche

Übergewicht ist das häufigste ernährungsbedingte Gesundheitsproblem bei Hunden und beim Dackel im Besonderen. Vielleicht haben die Futterhersteller ihre Aufgabe etwas zu ernst genommen, denn die heutigen Produkte sind nicht nur ausgewogener, sondern auch schmackhafter als noch vor einigen Jahren. Das steigert natürlich den Appetit, und weil viele Hundehalter ihren Tieren den Tag über freien Zugang zum Futter erlauben, wird mehr gefressen als eigentlich nötig ist. So sammeln sich schnell überzählige Pfunde an, die der Gesundheit abträglich sind. Die Fälle von Übergewicht steigen mit zunehmendem Alter und sind bei kastrierten Hunden doppelt so hoch wie bei frucht-

baren beider Geschlechter. Bis zu einem Alter von zwölf Jahren leiden Weibchen häufiger an Übergewicht als Rüden. Jüngsten Untersuchungen nach zu urteilen, ist bereits ein leichtes Übergewicht ein negativer Faktor für die Lebensqualität und - erwartung eines Hundes. Glücklicherweise läßt sich dieser Zustand einfach verhindern.

Kastrierte Hunde sollten generell ein ausgewogenes, kalorienarmes Futter erhalten, wie es speziell für übergewichtgefährdete Hunde im Handel angeboten wird. Eine Abmagerungskur kann durch einen medizinischen Diätplan vom Tierarzt unterstützt werden, vorausgesetzt, Sie halten sich strikt an diesen und verschaffen Ihrem Hund zusätzlich viel unterstützende Bewegung.

Es ist wichtig zu verstehen, daß eine falsche oder unausgewogene Ernährung die Entwicklung von orthopädischen Krankheiten wie Osteochondrose begünstigen kann. Bei der Ernährung eines der-

art gefährdeten Welpen sollte deshalb auf stark kalorienhaltiges Futter verzichtet und besser mehr als dreimal täglich mit kleinen Portionen gefüttert werden. Dadurch können plötzliche Wachstumssprünge verhindert werden, die in einer instabilen Gelenkausbildung resultieren. In jüngster Zeit durchgeführte Untersuchungen haben gezeigt, daß der Elektrolytgehalt im Futter ebenfalls eine Rolle bei der Entwicklung von Knochendeformationen spielen könnte. Futtersorten mit einem ausgewogeneren Anteil an positiv und negativ geladenen Elementen wie Natrium, Kalium, Chloriden usw., erwiesen sich für Hunde mit der Veranlagung zu Hüftgelenksdysplasie als geeigneter und weniger krankheitsfördernd. Auf Beifütterungen mit Kalzium, Phosphor und Vitamin D sollte ebenfalls unbedingt verzichtet werden, denn diese Stoffe beeinträchtigen eine normale Knochen- und Knorpelentwicklung. Der Kalziumhaushalt wird im Körper durch Hormone wie Parathormone und Calcitonin sowie Vitamin D reguliert. Zusätzliche zum Futter verabreichte Mengen von Kalzium, Phosphor und Vitamin D stören diese natürliche Regulation und können so für Probleme sorgen. Außerdem können zu hohe Kalziumbeigaben die Absorbtion von Zink im Verdauungssystem negativ beeinflussen. Wer dennoch nicht auf die Vollständigkeit und Ausgewogenheit von kommerziellen Futtersorten vertraut, sollte mit seinem Tierarzt über Beigaben von Eicosapentenolsäure, Gamma-Linolensäure und Vitamin C sprechen. Bei keiner Futterart kann die Entstehung von Blähungen völlig ausgeschlossen werden, jedoch kann sich eine veränderte Form der Futtergaben positiv auswirken. Blähungen entstehen bei Hunden, wenn der Magen durch verschluckte Luft geweitet wird. Dieses Luftschlucken ist eine Folge von hastigem Fressen oder Trinken, Streß und zu viel Bewegung kurz vor den Mahlzeiten. Dem kann durch drei kleinere Mahlzeiten anstatt einer großen pro Tag Abhilfe geschaffen werden. Außerdem sollten Sie in solchen Fällen Trockenfutter mit etwas Wasser anweichen, um das Herunterschlingen der Nahrung zu erschweren. Darüberhinaus ist es äußerst wirksam, wenn Sie Ihren Hund eine Stunde vor und nach der Mahlzeit von Aktivitäten wie Herumrennen und ähnlichem abhalten.

Die vielleicht am häufigsten im Handel angebotenen „Beifutter" sind Fette. Sie werden unter dem Vorwand angepriesen, daß sie zu einem schöneren und glänzenden Fell beitragen und der Hund dadurch natürlich noch gesünder aussieht. Die einzige Fettsäure, die für diese Zwecke wirklich nützlich ist, wird als Cis-Linolensäure bezeichnet und ist in Leinsamenöl, Son-

...und denken Sie dran

Gehen Sie bei der Auswahl des Futters nicht davon aus, daß das teuerste Produkt auch gleichzeitig das beste ist. Die Qualität eines Futters wird nicht durch den Verkaufspreis, sondern stets durch seine Zusammensetzung bestimmt, die auf das Alter des Hundes und dessen Aktivitätsgrad abgestimmt sein sollte.

nenblumenöl und Safranöl enthalten. Getreideöl ist ebenfalls eine brauchbare, jedoch weniger effektive Alternative. Die meisten angebotenen Produkte beinhalten hingegen große Mengen gesättigter und einfach ungesättigter Fettsäuren, die zu einem glänzenden Fell und einer gesunden Haut keinen Beitrag leisten. Für Hunde mit Allergien, Arthritis, hohem Blutdruck und einigen bestimmten Herzkrankheiten, wird der Tierarzt wahrscheinlich andere Fettsäuren als Futterbeigaben verordnen.

Gute Fettprodukte enthalten die wichtigen Fettsäuren Gamma- Linolensäure, Eicosapentenolsäure und Docosahexaenolsäure, die alle auf natürliche Weise entzündungshemmend wirken. Dennoch sollten Sie sich nicht von billigen „Fälschungen" täuschen lassen, denn nur wenige und vergleichsweise teure Produkte enthalten diese wertvollen Stoffe – die meisten anderen können nicht halten, was der Hersteller verspricht. Der sicherste Weg ist deshalb der, nur solche Produkte zu kaufen, auf deren Verpackung Sie die Namen der zuvor genannten Fettsäuren als verwendete Bestandteile finden.

Allgemeines zur Erziehung eines Dackels

Über die Erziehung von Hunden gibt es viele unterschiedliche Meinungen. Wird einmal davon abgesehen, daß generell darüber Einigkeit herrscht, daß ein Hund prinzipiell stubenrein sein sollte, gehen die Meinungen über weiterreichende Erziehungsmaßnahmen doch recht weit auseinander. Es gibt Menschen, die die Einstellung vertreten, daß ein Hund aufgrund seiner Abstammung so etwas wie ein Wildtier sei und erzieherische Maßnahmen durch den Menschen die natürlichen Instinkte des Tieres unterdrücken würden. Andere wieder meinen, daß das Bemühen einen Hund zu erziehen, keinem anderen Zweck dienen würde, als das Tier zu vermenschlichen, weil man zwar mit dem Tier, jedoch nicht mit dessen tierischem Verhalten leben möchte. Dann hört man immer wieder, daß die erzieherischen Maßnahmen vor einem Alter von einem Jahr sinnlos wären, weil der Welpe vorher nicht lernfähig sei.

Wir wollen hier nicht diskutieren, wer die richtige und wer die falsche Meinung vertritt, jedoch sollten wir uns doch in einem Punkt einig sein – ein gewisser Grad an Disziplin und Gehorsamkeit gereicht dem Hund bestimmt nicht zum Schaden und macht noch lange keinen Menschen aus ihm. Und je früher Sie mit der Erziehung beginnen, umso leichter geht das Lernen voran. Schwierig wird es erst dann, wenn sich schlechte und unerwünschte Marotten bereits fest etabliert haben und dem Hund dann wieder aberzogen werden müssen.

Wenn wir von der Grunderziehung eines Dackels reden, dann ist damit die Stubenreinheit gemeint, daß er brav an der Leine laufen sollte und sich nicht an Dingen vergreift, die nicht für ihn bestimmt sind. Ein ebenfalls wichtiger Punkt ist die Sozialisierung mit anderen Tieren und Menschen. Es wird auch nicht ohne das eine oder andere Kommando gehen, denn Sie werden gewiß wollen, daß Ihr Hund kommt, wenn Sie ihn rufen oder sich hinlegt oder -setzt, wenn Sie ihn dazu auffordern.

Die Erziehung eines Hundes erfordert in erster Linie Geduld und Verständnis. Ein Hund, besonders ein sehr junger, kann das vom Menschen gesprochene Wort nicht verstehen, weiß also erst einmal nichts mit Befehlen wie „Nein", „Sitz", „Aus" oder „Fuß" anzufangen. Es ist also Ihre Aufgabe deutlich zu machen, was diese Worte bedeuten. Ein Hund lernt jedoch sehr schnell, positive Reaktionen von negativen zu unterscheiden, und er reagiert sehr gut auf unterschiedliche Stimmlagen und Lautstärken wie auch auf die Körpersprache des Menschen. Es stehen Ihnen also eine ausreichende Menge Hilfsmittel bei der Erziehung Ihres Dackels zur Verfügung. Ein Welpe hat natürlich noch kein gut ausgeprägtes Langzeitgedächtnis, weshalb es ungeheuer wichtig ist, daß die einzelnen Lernschritte stetig wiederholt werden. Außerdem dürfen die Lektionen nicht zu lange dauern, denn die Konzentrationsspanne eines Welpen ist sehr begrenzt. Die drei wichtigsten Lektionen sind das korrekte „Bei-fuß-laufen", das „Kommen" auf den Ruf des Halters hin und das „Aus".

Stubenreinheit

Die Erziehung zur Stubenreinheit beginnt damit, daß Sie Ihren Welpen eingehend beobachten. Jeder Welpe zeigt deutlich, daß er nach draußen muß, indem er unruhig hin und her läuft, sich ständig im Kreis dreht, aufgeregt hier und dort auf dem Boden herumschnuppert und das Schwänzchen anhebt. Wann immer Sie ein solches Verhalten beobachten, sowie grundsätzlich nach jeder Mahlzeit und wenn der kleine Hund von einem Schläfchen aufwacht, bringen Sie ihn auf dem schnellsten Weg nach draußen, wo er sich dann erleichtern kann. Ist das geschehen, loben Sie ihn ausgiebig. Das sollten Sie auch dann tun, wenn der Hund während eines Spazierganges sein Geschäft erledigt.

Kommt es in der Wohnung zu einem „Unfall" und Sie ertappen Ihren Welpen auf frischer Tat, erteilen Sie ihm ein strenges „Nein" und bringen ihn nach draußen. Entdecken Sie das Malheur erst später, ist der Zeitpunkt für einen Tadel bereits verstrichen. Entfernen Sie die „Hinterlassenschaft" kommentarlos und desinfizieren Sie die Stelle, damit der Welpe nicht durch den Geruch zu einer Wiederholung seiner Schandtat verleitet wird.

Um sicherzustellen, daß sich Ihr Welpe nachts meldet, grenzen Sie seinen Bewegungsradius um seinen Schlafplatz herum ein. Dazu kann beispielsweise ein Laufgitter sehr nützlich sein. Da der Welpe instinktiv vermeiden will, seinen Schlafplatz zu verschmutzen, wird er sich bemerkbar machen. Kann er sich hingegen frei in der Wohnung bewegen oder ist der Bewegungsradius um seinen Schlafplatz zu groß bemessen, wird er sich entweder einen Platz irgendwo in der Wohnung suchen oder sein Geschäft zumindest so weit wie möglich von seinem Schlafplatz entfernt verrichten.

Leinenführung

Wenn Sie mit Ihrem Dackel Gassi gehen, werden Sie nicht wollen, daß er wie ein Wilder an der Leine zerrt oder Sie ihn stets hinter sich herziehen müssen. Das ist nicht nur

Eine Grunderziehung braucht wohl jeder Hund. Schließlich soll er stubenrein sein, brav an der Leine laufen und auf Ihr Rufen hören.
Foto: Archiv bede-Verlag

für Sie eine unbequeme und anstrengende Art des Spazierengehens, sondern auch für den Hund, denn das dadurch sehr eng sitzende Halsband verursacht ihm Unbehagen. Paradoxerweise wird er nun umso mehr ziehen oder noch weiter zurückbleiben, in der Hoffnung, das störende enge Gefühl am Hals so loswerden zu können. Der Hund muß also lernen, daß er dieses Unbehagen selbst verursacht, denn wenn er brav neben Ihnen herläuft, sind Halsband und Leine locker.

Gewöhnlich wird der Hund auf der linken Seite neben Ihnen geführt, Sie halten die Leine in Ihrer rechten Hand, so daß sie in einem leichten Bogen locker durchhängt. Ihre linke Hand dient der Kontrolle des Hundes, wenn er sich wie oben beschrieben verhält, das heißt, wann immer Ihr Dackel sich egal in welche Richtung von Ihnen entfernt, greifen sie mit der linken Hand in die Leine und bringen den Hund mit einem kurzen Ruck an der Leine zurück in seine korrekte Position und begleiten diese Korrektur mit einem strengen „Nein". Wichtig ist es, daß Sie stets mit dem Hund sprechen – „Wastel, Fuß!" Der Name des Hundes steht immer an erster Stelle, um so seine Aufmerksamkeit zu erlangen. Dann folgt unmittelbar darauf das entsprechende Kommando. Das „Fuß"-Kommando ist ein kurzes, energisch, aber dennoch lockend gesprochenes Kommando, wobei energisch bitte nicht mit laut zu verwechseln ist. Das „Nein" ist ein ebenfalls kurzes aber strenges Kommando, denn es soll deutlich machen, daß Sie die Handlung Ihres Hundes nicht billigen. Anhand der unterschiedlichen Tonlagen erkennt der Hund sehr deutlich, wann er gelobt und wann er getadelt wird. Um die Aufmerksamkeit des Hundes zu erhalten, klopfen Sie während des Laufens mit Ihrer linken Hand ständig leicht gegen Ihren linken Oberschenkel. Der Hund nimmt dieses leise Geräusch wahr und richtet seine Aufmerksamkeit auf die Bewegung Ihrer Hand, wodurch er automatisch auf Ihrer Höhe und in Ihrem Tempo mitläuft. Dabei wird der Name des Hundes und das Kommando stets wiederholt und immer wieder kräftig gelobt, so daß sich diese Lektion beim Hund als positive Erfahrung einprägt. Sie können in Ihre linke Hand auch einen Leckerbissen nehmen, dem er unweigerlich folgen wird, nur birgt das das Risiko, daß Ihr Hund versuchen wird, durch Stubsen oder Hochspringen an diesen Leckerbissen heranzukommen.

Kommen auf Ruf

Dieses Kommando ist ausgesprochen wichtig, vorallem in einer Situation, in der Ihr Hund nicht an der Leine ist. Dieser Befehl ist wie ein Lockruf und sollte entsprechend klingen. Auch hier rufen Sie erst den Namen Ihres Hundes und gleich anschließend das Kommando „Komm" oder „Komm her", wobei Sie etwas in die Knie gehen und mit beiden Händen leicht auf Ihre Schenkel klopfen. Kommt der Hund willig auf Sie zu, wird ausgiebig gelobt und vielleicht mit einem Leckerchen belohnt. Diese Übung läßt sich beispielsweise anläßlich jeder Mahlzeit sinnvoll wiederholen.

Es ist von größter Wichtigkeit, daß wenn der Hund das Kommando nicht befolgt, Sie ihm auf keinen Fall hinterherlaufen. Gejagt zu werden, ist für Hunde eines der größten Spielvergnügen, weshalb Ihr Hund immer weiterlaufen wird, um dieses „Spiel" so richtig auszukosten. In einer solchen Situation tun Sie am besten genau das Gegenteil – Sie drehen sich in die entge-

maligem Rufen, darf er dafür nicht bestraft werden, denn diese negative Erfahrung wird der Hund in Zukunft nicht mit seiner verspäteten Reaktion, sondern vielmehr mit dem Kommando selbst in Zusammenhang bringen. Das wiederum resultiert dann in einer permanent zögerlichen Reaktion bei späteren Üungen oder sogar darin, daß er Ihrem Ruf gar nicht mehr folgt, aus Angst vor der scheinbar damit verbundenen Strafe.

Das Auslassen

Welpen sind wie Kleinkinder und wollen an allem herumknabbern. Dabei machen sie zwischen freßbaren und nichtfreßbaren Objekten keinen Unterschied, und so werden schnell Dinge verschluckt oder aufgefressen, die im Magen

Das „Sitz"-Kommando läßt sich am besten zu den Mahlzeiten üben. Und vergessen Sie nie Ihren Hund zu loben, wenn er es richtig gemacht hat.
Foto: K. Schwartz

gengesetzte Richtung und entfernen sich langsam von Ihrem Hund, wobei Sie Ihn wiederholt mit Namen und Kommando zum Folgen verlocken. In der Regel wird auch genau das passieren, denn der Welpe weiß instinktiv, daß er ohne Sie verloren ist und wird sich bei einer zunehmenden Distanz zwischen ihm und Ihnen schnell eines Besseren besinnen.

Befolgt Ihr Hund das Kommando nicht beim ersten Mal, sondern erst nach mehr-

eines Hundes nichts verloren haben. Diese Gefahr besteht überall und ist stets gegenwärtig, weshalb das „Aus- Kommando" eines der wichtigsten, wenn nicht sogar DAS wichtigste Kommando überhaupt ist. Um dem Hund die Bedeutung dieses Befehls zu vermitteln, beginnen Sie am besten damit, ihm beim Spielen sein Spielzeug aus dem Maul zu nehmen. Sie knien sich dafür auf den Boden, greifen eine Ecke des Spielzeugs und geben das Kommando – „Wastel, Aus!". Dabei ziehen Sie leicht an dem Objekt und wiederholen das Kommando so lange, bis der Hund ausläßt. Darauf folgt ein dickes Lob und Sie geben ihm sein Spielzeug zurück. Das Kommando wird energisch gesprochen, so daß der Hund am Tonfall hören kann, daß es sich um eine Forderung und nicht um eine Bitte handelt. Keinesfalls sollten Sie zu stark an dem Objekt ziehen oder sogar reißen, denn auch das kann der Hund als Spiel auffassen und nun erst recht versuchen, dagegenzuhalten oder sogar nach Ihren Fingern schnappen, um sein „Eigentum" zu verteidigen. In diesem Fall kommt wieder das strenge „Nein" zum Einsatz, darauf erfolgt erneut das Kommando. Verhält sich Ihr Hund überaus störrisch und verweigert permanent das Befolgen dieses Befehls, greifen Sie mit der Hand über seine Schnauze und pressen Daumen und Fingerspitzen gegen die Reißzähne. Nun sollte der Hund umgehend auslassen, folglich wird er gelobt und erhält dann sein Spielzeug zurück.

Hat Ihr Hund erst begriffen, was auf das „Aus"-Kommando hin von ihm erwartet wird, beginnen Sie damit, den Befehl ohne Zuhilfenahme Ihrer Hände zu erteilen. Das kann beim Spielen geschehen oder auch beim Fressen oder wenn der Hund mit einem Kauknochen beschäftigt ist. Da Sie sich dabei nicht auf den Boden knien, sondern in aufrechter Position verweilen, kann es natürlich passieren, daß der Hund den Befehl verweigert. Erst dann beugen Sie sich herunter und verfahren in der zuvor beschriebenen Weise.

Das Sitz

Dieses Kommando läßt sich am einfachsten zu den Mahlzeiten üben. Stehen Sie mit dem Freßnapf in der Hand aufrecht vor dem Hund und geben das Kommando – „Wastel, Sitz!". Hierbei handelt es sich wieder um ein kurzes und bestimmt gesprochenes Kommando. Ihr Hund wird zu Ihnen und dem ersehnten Fressen hinaufblicken und sich dabei vermutlich automatisch hinsetzen. Darauf folgt ein deutliches Lob und der Freßnapf. Diese Übung können Sie immer dann wiederholen, wenn es Zeit für das Futter oder einen Leckerbissen ist. Auch wenn der Hund gerne sein favorisiertes Spielzeug haben möchte, ergibt sich eine gute Gelegenheit dazu.

Befindet sich der Hund beim Spazierengehen an der Leine, erfolgt die Übung in folgender Weise: Bevor Sie an einer Straßenecke anhalten, verlangsamen Sie das Lauftempo und erteilen dann, kurz bevor Sie stehenbleiben, das Kommando – „Wastel, Sitz!". Dabei gehen Sie etwas in die Knie, legen Ihre linke Hand auf den hinteren Rückenbereich Ihres Hundes und drücken leicht nach unten. Sitzt der Hund, wird kräftig gelobt; wenn nicht, folgt ein strenges „Nein", der Befehl wird wiederholt und die Hand in gleicher Weise zuhilfe genommen. Sie sollten aber unbedingt darauf achten, daß Sie sich nicht mit Ihrem Körper über den Hund beugen, denn das ist eine für den Hund sehr bedrohliche Haltung, die darin gipfelt, daß er sich entweder hinlegt oder sogar wegzulaufen versucht.

Platz

Sobald Ihr Hund das Kommando „Sitz" gelernt hat, folgt das „Platz- Kommando". Am einfachsten versteht der Hund die Bedeutung dieses kurz und prägnant gesprochenen Befehls aus der sitzenden Position. Sie geben also zuerst das Kommando „Sitz!", loben Ihren Hund für die kor-

Grundregeln zur Erziehung

Konsequenz

Was dem Hund von einem Familienmitglied verboten wird, muß
automatisch auch bei allen anderen Familienmitgliedern verboten sein.

Kommandos (Hörzeichen)

Alle Kommandos (ausgenommen das „Komm") sind kurze und energisch
gesprochene Befehle, keine Bitten. Es muß dem Hund möglich sein, die
unterschiedlichen Kommandos anhand verschiedener Stimmlagen zu unterscheiden, weshalb jede Übung ihr eigenes Kommando hat. Verwenden Sie
also niemals ein Kommando für zwei unterschiedliche Übungen, denn das
bringt den Hund völlig durcheinander.

Gewöhnen Sie Ihren Hund nicht daran, erst auf das dritte oder vierte Kommando zu hören. Nach dem ersten nicht befolgten Befehl erfolgt sofort die
unmittelbare Einwirkung und die Wiederholung der Übung bis zur richtigen
Ausführung. Der Hund wird schnell begreifen, daß er sich den Tadel (negativer Reiz) erspart, wenn er gleich beim ersten Kommando folgeleistet und
gelobt wird (positiver Reiz). Beenden Sie eine Übungslektion stets mit einem
Kommando, das der Hund gut ausführt und somit mit einem Lob belohnt
werden kann.

rekte Ausführung. Sie erteilen das Kommando – „Wastel, Platz!". Während des
darauffolgenden Lobens streicheln Sie den
Rücken des Tieres, um es so in dieser Position zu halten.

An der Leine gestaltet sich diese Methode etwas schwieriger, weshalb hier ähnlich wie beim „Sitz" verfahren wird. Bevor
Sie im Laufen innehalten, verlangsamen
Sie das Tempo und erteilen kurz bevor Sie
stehenbleiben das Kommando. Dabei greifen Sie mit Ihrer linken Hand über die
Schultern des Hundes und üben leichten
Druck aus.

Der Grund dafür, weshalb die Kommandos
an der Leine stets kurz bevor Sie stehenbleiben erteilt werden, ist einfach zu
erklären. Zum einen braucht der Hund
etwas Zeit, um auf das Kommando reagieren zu können. Das heißt, er wird sich
nicht sofort und auf der Stelle hinsetzen
oder -legen, sondern benötigt eine kurze
Zeitspanne zum Verstehen und Handeln.
Erteilen Sie das Kommando also erst wenn
Sie bereits stehen, wird der Hund unwei-
gerlich ein Stück vor Ihnen, anstatt neben
Ihnen zum Sitzen oder Liegen kommen
oder sich nach Ihnen umdrehen und direkt
vor Ihren Füßen oder verkehrtherum sitzen. Zum Anderen besteht das Problem,
daß Sie den Hund zum „Sitz" oder „Platz"
nur dann mühelos mit der Hand hinun-

Hunde knabbern gerne an allen freßbaren und nicht freßbaren Objekten, daher ist das „Aus"-Kommando eines der wichtigsten überhaupt. Foto: Robert Smith

terdrücken können, so lange er sich noch in Bewegung befindet. Steht der Hund bereits neben Ihnen, wird er sich dem Druck Ihrer Hand mit aller Kraft entgegenstemmen. Das verursacht dem Hund wiederum ein unangenehmes Gefühl und ist somit eine negative Erfahrung in Verbindung mit diesen beiden Kommandos.

Bestrafung

Es wird immer wieder passieren, daß Sie Ihren Hund für ein unduldbares Verhalten bestrafen müssen. Das sollte aber keinesfalls in Form von Schlägen, der Verweigerung von Futter oder einem Eingesperrtwerden geschehen, denn diese Bestrafungen sind dem Hund naturgemäß fremd, und er wird sie nicht oder nur schwer als solche erkennen. Wenn Sie eine

Hündin beim Umgang mit ihren Welpen beobachten, werden Sie schnell erkennen, daß auch diese die Welpen von Zeit zu Zeit bestraft, indem sie sie im Genick packt und kräftig schüttelt. Die gleiche Methode können auch Sie anwenden, denn sie ist dem Welpen instinktiv bestens vertraut und wird sofort als Bestrafung verstanden. Greifen Sie also den Hund im Nackenfell und schütteln Sie ihn, wobei jedoch nur die Vorderbeine leicht vom Boden abheben sollten. Dabei erteilen Sie ein strenges „Nein".
Wichtig ist, daß eine Bestrafung wie auch jedes Lob stets unmittelbar auf die Handlung zu folgen haben. Beispielsweise ist es völlig wirkungslos den Hund zu tadeln, wenn Sie nach einem Einkauf nach Hause kommen und feststellen, daß der inzwi-

schen den Mülleimer geleert hat. Sie können Ihrem Unmut in dieser Lage zwar durch Schimpfen beim Einsammeln der Bescherung Ausdruck verleihen, jedoch kommt eine direkte Bestrafung des Hundes jetzt viel zu spät. Er kann den Zusammenhang zwischen seiner Tat und dem nun später erfolgenden Tadel in den allermeisten Fällen nicht begreifen und fühlt sich so ungerechterweise bestraft. Geschieht so etwas öfter, bringt der Hund die Bestrafung mit Ihrem Nachhausekommen in Verbindung und wird sich, statt Ihnen freudig entgegenzueilen, in einer Ecke verkriechen. Nur wenn der Hund den Zusammenhang zwischen seinem Verhalten und dem Lob oder Tadel versteht, können Sie eines Lernerfolges sicher sein.

Natürlich gibt es noch eine ganze Reihe anderer Kommandos, die ein Hund kennen sollte, und es gibt auch noch viel mehr Dinge, die Sie einem Hund beibringen können. Wer sich wirklich ausgiebig mit seinem Hund beschäftigen will, der sollte sich einer Hundeschule anschließen. Hier stehen Ihnen ausgebildete Trainer mit Rat und Tat zur Seite, und hier können Sie und Ihr Hund alles lernen, was für beide von Nutzen und was alles möglich ist. Der Hundesport erfreut sich in Deutschland einer zunehmenden Beliebtheit, verschafft Ihnen und Ihrem Hund die so nötige Bewegung, und die Zusammenarbeit und das Wetteifern mit Gleichgesinnten bereitet darüber hinaus auch noch beiden eine Menge Spaß.

Natürlich kann auch ein bereits älterer Hund noch erzogen und trainiert werden. Unabhängig vom Alter des Hundes müssen die Übungen auf dessen Ausbildungsstand abgestimmt werden. Hat ein bereits erwachsener Dackel in seiner Jugend keinerlei Erziehung genossen, so

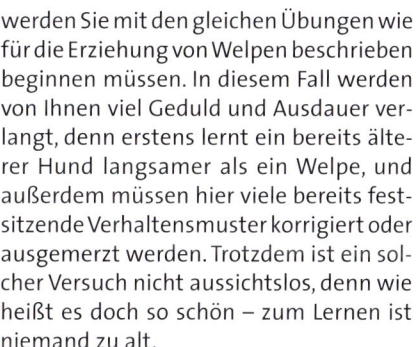

…und denken Sie dran

Es empfiehlt sich, daß Sie sich mit Ihrem Dackel einem Rassehundverband anschließen, wo rassespezifische Ausbildungen und Sportarten angeboten werden. Hier können Sie und Ihr Hund von einem exakt auf die Rasse und deren Fähigkeiten abgestimmten Trainingsprogramm profitieren. Adressen solcher Vereine können Sie beim VDH in Erfahrung bringen.

werden Sie mit den gleichen Übungen wie für die Erziehung von Welpen beschrieben beginnen müssen. In diesem Fall werden von Ihnen viel Geduld und Ausdauer verlangt, denn erstens lernt ein bereits älterer Hund langsamer als ein Welpe, und außerdem müssen hier viele bereits festsitzende Verhaltensmuster korrigiert oder ausgemerzt werden. Trotzdem ist ein solcher Versuch nicht aussichtslos, denn wie heißt es doch so schön – zum Lernen ist niemand zu alt.

Eine Übung, die zweimal hintereinander richtig ausgeführt wurde, sollte innerhalb einer Lektion nicht mehr wiederholt werden. Üben Sie mit Ihrem Welpen nicht länger als zehn Minuten pro Tag und niemals wenn Sie emotional gereizt oder unkonzentriert sind. Mit zunehmendem Alter des Hundes können die Lektionen stufenweise verlängert werden. Sie werden ein Gefühl dafür entwickeln zu erkennen, wann die Konzentrationsfähigkeit Ihres Hundes erschöpft ist und die Lektion beendet werden sollte.

Vorbeugende Maßnahmen und Gesundheitspflege für Dackel

Die Gesunderhaltung eines Dackels erfordert einige Vorsorgemaßnahmen. Vorsorge ist nicht nur die effektivste Medizin gegen Krankheiten, sondern auch gleichzeitig die billigste, und eine gute Vorsorge beginnt bereits bevor der Welpe geboren wird. Die zur zukünftigen Mutter erkorene Hündin sollte gut umsorgt werden, alle notwendigen Impfungen erhalten haben und unbedingt frei von Infektionen und Parasitosen sein.

Die beiden ausgewählten Elterntiere sind selbstverständlich auf genetisch bedingte Krankheiten hin untersucht worden, PRA und Katarakt weisen keine durch medizinische oder verhaltensbedingte Probleme vorbelastete Stammbäume auf und erscheinen somit als zur Zucht geeignet.

Damit ist bereits der Grundstein zu einem guten Start für die Welpen gelegt worden, und wenn alles wie geplant verläuft, wird die Mutter ihren Welpen eine für die ersten Lebensmonate ausreichende Resistenz gegen Krankheiten mitgeben. Andererseits kann die Mutter aber auch Parasiten, Infektionen und genetisch bedingte Krankheiten auf ihren Nachwuchs übertragen, wenn sie selbst an solchen Erkrankungen oder Gesundheitsproblemen leidet und diese nicht vor Beginn der Schwangerschaft behoben oder bei der Auswahl der Elterntiere berücksichtigt worden sind.

Im Alter von zwei bis drei Wochen

Bereits in diesem frühen Alter ist es notwendig, die Welpen ihrer ersten Entwurmung zu unterziehen. Obwohl die Hunde natürlich von dieser Art von Parasitenkontrolle profitieren, liegt der eigentliche Grund für diese Maßnahme eher in der Gesundheitsvorsorge für den Menschen. Nach der Geburt der Welpen gibt das Weibchen oftmals große Wurmmengen ab, auch wenn sie noch zu Beginn der Trächtigkeit als wurmfrei erklärt wurde. Das liegt daran, daß zwar keine Würmer in der untersuchten Kotprobe nachgewiesen werden konnten, jedoch viele Larven dieser Parasiten verkapselt in der Muskulatur ruhen, bis der durch die Geburt entstehende Streß sie aktiviert und zum Verlassen des Wirtskörpers treibt und sie somit in die Außenwelt gelangen.

Außerdem gibt das Muttertier die Larven auch mit der Milch an die Welpen weiter. Untersuchungen haben verdeutlicht, daß 75% aller Welpen unter Wurmbefall leiden und deshalb davon ausgegangen werden sollte, daß die eigenen Welpen darin keine Ausnahme bilden. Aus diesem Grunde wird sehr früh mit der Entwurmung begonnen; allerdings eher zu dem Zweck, die Bewohner des Hauses und weniger die Hunde zu schützen. Diese Wurmkuren werden alle zwei Wochen wiederholt, bis der Tierarzt der Meinung ist, den Wurmbefall unter Kontrolle zu haben. Danach oder spätestens ab der 12. Lebenswoche werden regelmäßige Wurmkuren durchgeführt, deren Abstände vom Tierarzt festgelegt werden. Auch das Muttertier sollte in diese Behandlung mit einbezogen werden, damit verhindert wird, daß ständig neue Würmer von ihr ausgeschieden werden und sie sich und die Welpen dadurch erneut infiziert. In jedem Fall dürfen nur solche Medikamente und Dosierungen angewandt werden, die vom Tierarzt empfohlen und für den Gebrauch bei Welpen als unbedenklich gelten – nach Gutdünken dosierte und von irgendwoher stammende Mittel haben schon einige Welpen das Leben gekostet.

Im Alter von sechs bis zwanzig Wochen

Die meisten Welpen werden im Alter von sechs bis acht Wochen von der Mutter entwöhnt. Das Entwöhnen sollte nicht zu früh stattfinden, denn während die Welpen gesäugt werden, entwickelt sich durch den ständigen Kontakt mit den Geschwistern und der Mutter die Basis für das spätere Sozialverhalten. Somit wird ihnen der richtige Umgang mit anderen Hunden im weiteren Verlauf ihres Lebens erheblich erleichtert. Es gibt keinen vernünftigen Grund, den Entwöhnungsprozeß unbedingt beschleunigen zu wollen, es sei denn, das Muttertier kann keine ausreichenden Milchmengen produzieren um alle Welpen zu ernähren.

Die erste Untersuchung durch einen Tierarzt findet gewöhnlich im Alter zwischen sechs und acht Wochen statt, also genau dann, wenn auch die meisten Schutzimpfungen fällig werden. Bei Welpen, die ständigen Kontakt mit vielen anderen Hunden haben, wird der Tierarzt wahrscheinlich bereits mit sechs Wochen eine Impfung mit inaktivem Parvovirus empfehlen, wohingegen Welpen ohne Kontakt zu anderen Hunden erst mit acht Wochen gegen Parvovirose, Staupe, Hepatitis und Leptospirose geimpft werden müssen. Bei die-

...und denken Sie dran

Verzichten Sie bitte darauf, in der Apotheke nach irgendwelchen x-beliebigen Wurmmitteln zu fragen. Der Tierarzt hat hier einschlägige Erfahrungen mit der Verabreichung des richtigen Mittels für das entsprechende Alter. Verlassen Sie sich also besser auf seinen professionellen Rat.

ser Gelegenheit wird neben einer Generaluntersuchung auf Krankheitsanzeichen, die einen Aufschub der Schutzimpfungen erfordern würden, auch gleich eine erste Zahnuntersuchung durchgeführt um zu sehen, ob die Zähne wie gewünscht durchbrechen. Bei Rüden wird sich der Arzt auch versichern, daß die Hoden ordnungsgemäß aus dem Unterleib in den Hodensack gewandert sind. Gsundheitliche Alarm-

Welpen müssen bis zum sechsten Lebensmonat eine Reihe von Schutzimpfungen erhalten haben. Doch auch erwachsene Hunde benötigen regelmäßige Auffrischungen ihres Impfschutzes.

Eine gute Vorsorge beginnt bereits vor der Geburt der Welpen bei der zukünftigen Mutter. Sie sollte alle notwendigen Impfungen erhalten haben und frei von Infektionen und Parasitosen sein.
Foto: Robert Smith

zeichen wie anormale Herzgeräusche, beginnender Grauer Star, Nickhautvorfall und Nabelbrüche, sind in diesem Alter ebenfalls bereits erkennbar.

Wer bereits mit der Aufzucht von Welpen seine Erfahrungen hat, wird bestimmt schnell bemerken, wenn das Verhalten eines Tieres in irgendeiner Form vom „Normalen" abweicht und sich ohne weitere Aufforderungen um professionelle Hilfe bemühen. Für einen unerfahrenen Halter ist das jedoch nicht so einfach, denn ihm fehlen die Vergleichsmöglichkeiten. Wer

sich also diesbezüglich unsicher ist, sollte seinen Welpen besser den Erfahrungen und dem Urteilsvermögen eines Fachmanns anvertrauen, bevor er später eine bittere Enttäuschung erlebt. Schon viele Hundehalter haben in solchen Fällen resigniert aufgegeben und der erlösenden Spritze vom Tierarzt den Vorzug vor den ständigen Problemen mit einem unberechenbaren Hundetemperament gegeben – ein Weg, den Sie nicht einschlagen müssen, verschaffen Sie sich rechtzeitig einen Einblick in das Wesen des Hundes.

In Deutschland vertreten die Tierärzte die Meinung, daß eine zu frühe Kastration bzw. Sterilisation einen negativen Einfluß auf den Hormonhaushalt des Tieres hat, der gewöhnlich erst im Alter von etwa sechs bis sieben Monaten, bei manchen Rassen noch später, voll funktionsfähig ist. Eine Kastration/Sterilisation in Deutschland wird meistens nur vorgenommen, wenn ein zwingender medizinischer Grund dafür vorliegt.

Die meisten Schutzimpfungen werden in Abständen verabreicht, nämlich mit acht bis zehn Wochen und zwölf bis vierzehn Wochen. Im Normalfall sollten die einzelnen Impfungen mindestens zwei Wochen auseinanderliegen, wobei ein Abstand von vier Wochen optimal ist. Jede Impfung besteht gewöhnlich aus mehreren verschiedenen Erregern – zum Beispiel werden die der Parvovirose, Staupe, Hepatitis und Leptospirose in einer Impfung kombiniert. Ein Impfschutz gegen Koronavirose (Zwingerhusten) kann separat verabreicht werden, falls der Arzt den Welpen als „Risikofall" einstuft. Die Impfungen gegen Parvovirose, Staupe, Hepatitis und Leptospirose werden im Alter von 12 Wochen wiederholt. Zu diesem Zeitpunkt wird auch die erste Tollwutimpfung verabreicht. Eine Auffrischung der Tollwut-, Leptospirose- und Parvoviroseimpfung findet von da ab generell in jährlichen Abständen, die der Staupe- und Hepatitisimpfungen alle zwei Jahre statt.

Die Leptospirose (Stuttgarter Hundeseuche) ist eine Bakterieninfektion, die weltweit verbreitet ist. Der Impfschutz hält ein Jahr an und besteht aus zwei Injektionen, die jeweils drei bis vier Wochen auseinanderliegen. Die erste Injektion sollte spätestens im Alter von 10 Wochen verabreicht

werden. Nachdem die Serie der Impfungen vollständig ist, reicht auch hier eine Auffrischung einmal jährlich.

Die Tollwutimpfung ist nach wie vor eine der wichtigsten, obwohl sie längst nicht mehr in allen Ländern als Pflichtimpfung gilt. Es kann sogar sein, daß die diesbezüglichen Bestimmungen innerhalb eines Landes unterschiedlich sind, was ganz davon abhängt, wann der letzte Tollwutfall aufgetreten ist und wie hoch das Risiko für neue Krankheitsfälle eingestuft wird. Aus Sicherheitsgründen sollten Sie jedoch nicht auf diesen Impfschutz verzichten, denn es handelt sich immerhin um eine Krankheit, die ohne Schutzmaßnahmen auch heute noch tödlich verläuft. Die Impfung wird im Alter von zwei Monaten erstmalig verabreicht, die nächste Injektion erfolgt im Alter von drei Monaten und von da an wird alle zwölf Monate eine Auffrischung vorgenommen.

Im Alter zwischen acht und vierzehn Wochen sollte jede nur denkbare Möglichkeit genutzt werden, den Welpen mit möglichst vielen Menschen und Situationen vertraut zu machen. Dies ist ein Teil der kritischen Sozialisierungsphase, der darüber entscheidet, wie sich der Welpe in seinem weiteren Leben anderen Menschen und Haustieren gegenüber verhalten und wie er auf unbekannte Situationen und Ereignisse reagieren wird. In dieser Phase sollte der Welpe so viel Zeit wie möglich mit seinem Halter und der Familie verbringen, nicht für jede Kleinigkeit bestraft werden und mit ruhiger und geduldiger Hand, jedoch ohne jeglichen Druck, die ersten Erziehungsmaßnahmen genießen. Bei der Sozialisierung mit Mensch und Tier muß allerdings bedacht werden, daß sich diese Maßnahme nicht nur auf die eigenen Familienmitglieder und Haustiere bezieht, die der Hund aller Wahrscheinlichkeit nach sowieso als seinem „Rudel" zugehörig betrachtet wird. Es geht vielmehr um den Kontakt mit fremden Menschen und Tieren wie beispielsweise der Katze des Nachbarn, Käfig- oder Volierenvögeln und was sich sonst noch so an anderen Haustieren im Freundes- und Familienkreis anbietet, sowie um Menschen, mit denen der Welpe gewöhnlich keinen oder nur sehr selten Kontakt hat. Ein ständiger oder enger Kontakt mit anderen Hunden sollte erst stattfinden, nachdem der Welpe

...und denken Sie dran

Die ersten längeren Spaziergänge sind ungeheuer aufregend für den Welpen. Am faszinierendsten sind dabei die unbekannten und vielfältigen Gerüche. Lassen Sie Ihren Hund jedoch nicht überall herumschnüffeln, besonders nicht am Kot anderer Hunde, denn das ist der beste Weg zur Übertragung von Krankheiten und Parasitosen.

seine zweite Impfreihe hinter sich hat. Vorher besteht nur ein unzureichender Schutz gegen Infektionskrankheiten, die leicht von einem Hund auf einen anderen übertragen werden können. Nach Erreichen der zwölften Lebenswoche sollte der Impfschutz jedoch stark genug sein, um dem Welpen auch das Zusammensein mit anderen Hunden zu gönnen. Dieser Schritt ist besonders in Hinsicht auf den späteren

Besuch einer Hundeschule wichtig, denn hier verlangt der Trainer von jedem Hund ein ausgeprägt friedfertiges Verhalten den anderen vier- und zweibeinigen Schülern gegenüber.

Nun ist auch schon mal ein längerer Spaziergang in Straßen und Parks angesagt, um den Welpen mit der großen weiten Welt außerhalb des heimischen Herdes vertraut zu machen – all die fremden Gerüche, Menschen, andere Hunde und nicht zuletzt der Verkehrslärm und andere unbekannte Geräusche helfen dem Welpen, diese ihm noch unheimliche Welt zu verstehen und zu akzeptieren. Die Gewöhnung an das Fahren im Auto, Bus, in der Bahn oder im Aufzug gehören genauso dazu wie der Kontakt mit spielenden Kindern, Fahrradfahrern, Motorrädern, schlicht und ergreifend mit allem, was zu unserem täglichen Leben gehört.

Die ersten Ausflüge mit dem Halter und der Familie erfordern aber auch noch eine andere Voraussetzung, nämlich die, daß der Hund jederzeit von anderen identifiziert werden kann. Auch wenn Sie von sich selbst stets behaupten, es könne nicht dazu kommen, daß der Hund wegläuft, hat schon manch einer diese falsche Selbstsicherheit mit dem Verlust seines Hundes bezahlen müssen. Dackel sind kleine Hunde und passen fast durch jedes „Mauseloch". Somit kommt es immer wieder dazu, daß ein bislang unbeachteter oder unentdeckter Weg in die Freiheit gefunden wird. Darüberhinaus gibt es auch unter den Menschen sehr unfreundliche Subjekte, die Gefallen daran finden, die Hunde anderer Leute zu stehlen.

Zu dem Zweck, einen verlorengegangenen Hund schnellstmöglich wiederzufinden, gibt es mehrere Methoden, die mehr oder weniger effektiv sind. Die bekannteste und bestimmt älteste Methode ist das Hundehalsband mit der daran befindlichen Hundemarke. Es empfiehlt sich, auf deren Rückseite oder auf einem zusätzlichen Anhänger den Namen, die Adresse und Telefonnummer des Halters eingravieren zu lassen. Die wichtigste Voraussetzung dafür, daß dieses System auch seinen Zweck erfüllt, ist natürlich die, daß der Hund dieses Halsband auch ständig trägt. Dennoch muß die Möglichkeit berücksichtigt werden, daß er es sich irgendwo abreißen könnte oder ein anderer Hund es bei einem Kampf durchbeißt. Außerdem kommt es nicht selten vor, daß die am Halsband befindlichen Anhänger abfallen und verloren gehen.

Einige Halter bevorzugen eine Kette anstatt eines Halsbandes, die jedoch aus Sicherheitsgründen abgenommen wird, wenn sich der Hund nicht an der Leine befindet. Sie scheidet deshalb in diesem Fall aus.

Eine Methode, die sich gut bewährt hat, ist eine Tätowierung im Ohr des Tieres, die meistens aus der Registriernummer des Hundes besteht. Alle Hunde die vom seriösen VDH-Züchter gekauft wurden, sind bereits tätowiert und registriert. Handelt es sich nicht um einen registrierten Hund, kann er beim Tierarzt noch tätowiert werden. Dies muß dann allerdings unter Sedierung erfolgen, da nur Welpen unter acht Wochen ohne Sedierung tätowiert werden dürfen. Die Tierheime verfügen im Allgemeinen über Listen dieser Nummern, anhand derer sie den Züchter ausfindig

machen können, der seinerseits wieder Telefonnummer und Adresse des Halters besitzt.

Viele Züchter tätowieren ihre Welpen bereits vor dem Verkauf. Im Ohr wird dann die Tätowierung vorgenommen, die dem Tier keine nennenswerten Schmerzen verursacht. Allerdings ist es auch hierbei schon vorgekommen, daß solche Tiere nicht identifiziert werden konnten, weil entweder zu viele Haare über die Tätowierung gewuchert waren oder diese unsauber und unleserlich vorgenommen wurde. So wird sie entweder gar nicht entdeckt oder kann nicht entziffert werden. Es liegt also auch bei dieser Methode in der Hand des Halters, die Haare kurz zu halten und die Nummer eventuell nachtätowieren zu lassen, wenn die Zahlen nicht mehr deutlich zu erkennen sind.

Die neueste Erfindung auf diesem Gebiet ist der Mikrochip, der heute schon in vielen Ländern zur Anwendung kommt. Es handelt sich dabei um einen Computerchip, der nicht größer als ein Reiskorn ist. Der Tierarzt implantiert diesen unter örtlicher Betäubung unter der Haut zwischen

Die meisten Züchter lassen ihre Welpen vor dem Verkauf im Ohr tätowieren. Es liegt aber in der Hand des Halters darauf zu achten, daß die Nummer gut zu lesen ist, bzw. nicht von Haaren überwuchert wird. Auch wenn Sie von Ihrem Hund behaupten, es käme nicht dazu daß er wegläuft, schon mancher hat diese Selbstsicherheit mit dem Verlust des Hundes bezahlt. Foto: Robert Smith

den Schulterblätter des Hundes. Läuft das Tier weg oder geht anderweitig verloren und wird im Tierheim abgeliefert, wird dort mit einem Scanner der Code des Mikrochips ermittelt und so der Besitzer ausfindig gemacht. Ein Anhänger am Halsband weist darauf hin, daß der Hund Träger eines solchen Computerchips ist. Auch hier wird natürlich vorausgesetzt, daß der Hund das Halsband ständig trägt.

Im Alter von vier bis zwölf Monaten

Mit sechzehn Wochen sollte der Welpe bereits seine letzte Impfreihe erhalten haben.

Mit sechs Monaten ist es Zeit für einen Urintest. Dackel sind sehr anfällig für eine Stoffwechselkrankheit – Cystinurie – durch die sie die Aminosäure Cystin in ihrem Urin verlieren. In einigen Fällen führt das zur Bildung von Nierensteinen, die zu einem großen Problem werden können. Ein einfacher Urintest läßt den pH-Wert des Urins (die Steine bilden sich schneller in saurem Urin), vorhandene Bakterien (Harnleiterinfektionen sind bei dieser Krankheit eine häufige Begleiterscheinung) und den Cystinwert erkennen. Im Fall einer derartigen Erkrankung wird Ihr Tierarzt zu einer Ernährungsumstellung raten, bevor es zu weiteren Problemen kommt.

Ab einem Alter von zwei Jahren kann eine Kastration/Sterilisation vorgenommen werden, vorausgesetzt es liegt ein einleuchtender Grund vor und das Tier ist nicht zur Zucht vorgesehen. Die Geschlechtsreife tritt bei den meisten Rassen in einem Alter zwischen sechs oder sieben Monaten ein – bei manchen Rassen jedoch erst erheblich später. Die Kastration dient nicht nur dem Zweck der Trächtigkeitsverhütung, sondern bei Rüden auch dazu, daß sie den Drang zum Herumstreunen ablegen und anderen Rüden gegenüber friedfertiger werden. Außerdem wird durch eine solche Operation das Risiko für bestimmte Krankheiten wie verschiedene Krebsarten und Prostataprobleme eingeschränkt.

Leidet Ihr Dackel unter Haarausfall, kann ein Hautgeschrabsel darüber Aufschluß geben, ob es sich um Scarabäusmilben oder sonstige Milben handelt. Die dafür verantwortlichen Demodexmilben lassen sind einfach bei dieser Untersuchung zu erkennen. Liegt ein diesbezügliches Problem vor, ist das kein Anlaß zur Sorge – etwa 90 % aller dieser Erkrankungen lassen sich mit einfachen Mitteln heilen. Es ist jedoch wichtig, die Krankheit zu identifizieren, bevor es zu Narbenbildung kommt.

Bis zum sechsten Lebensmonat sollte der Welpe auch den Zahnwechsel beendet haben. Die ersten Zähne (Milchzähne) sind ausgefallen, und die zweiten und bleibenden sollten bereits alle durchgebrochen sein. Der Tierarzt wird sich in diesem Stadium davon überzeugen wollen, daß das Gebiß vollständig und die Stellung der Zähne (der Biß) korrekt ist. Ist das nicht der Fall, ergibt sich hier die Möglichkeit zur Korrektur. Eine solche Zahnstellungskorrektur sollte jedoch ausschließlich einem verbesserten Wohlbefinden des Hundes dienen, das heißt, ihm ein normales Kauen ermöglichen – niemals aber aus rein kosmetischen Gründen, also um dem Tier ein besseres Aussehen zu verleihen. Achten Sie selbst darauf, daß vor allem – wenn die Milchzähne nicht ausfallen und die „neuen" schon auf halber Höhe sichtbar sind, darauf – diese unverzüglich vom Tierarzt ziehen zu lassen.

…und denken Sie dran

Zur richtigen Mundhygiene Ihres Hundes gehört auch zu verhindern, daß er auf die Zähne und das Zahnfleisch schädigenden Dingen herumkaut. Dazu gehören Steine egal welcher Größe genauso wie splitternde Holzstücke.

Zu diesem Thema gibt es eine traurige Statistik – 85 % aller Hunde, die älter als vier Jahre sind, leiden unter Zahnkrankheiten und permanentem Mundgeruch. Tatsächlich ist das so häufig der Fall, daß viele Hundehalter diesen Zustand als völlig normal betrachten! Damit haben diese Leute vielleicht gar nicht so unrecht, denn es ist beim Hund wie beim Menschen wirklich eine normale Erscheinung, daß eine man-

gelnde Zahnhygiene solche sich hartnäckig haltenden Probleme verursacht. Selbstverständlich können schlechte Zähne oder ein ständig entzündetes Zahnfleisch auch erblich bedingt sein oder aus einer falschen Ernährung im Welpenalter resultieren, jedoch sind das die wenigsten Fälle. Der Auslöser für solche Probleme ist meistens eine starke Ansammlung von Zahnstein, wofür unter Umständen auch eine Veranlagung verantwortlich sein kann.

Um den Zähnen seines Hundes die gleiche Aufmerksamkeit und Pflege wie den eigenen zukommen zu lassen, gibt es mehrere Möglichkeiten. Zum Beispiel gibt es beim Tierarzt für Hunde mit der Neigung zu starker Zahnsteinbildung und Mundgeruch spezielle Zahnbürsten und Zahnpasta. Außerdem tragen die im Handel erhältlichen Kauspielzeuge erheblich zur Sauberhaltung der Zähne bei. Der Tierarzt sowie der Fachhandel beraten gerne über speziell für die Zahnpflege geeignete Kaugegenstände, die gewöhnlich zum Verzehr gedacht sind, jedoch in ihrer Zusammensetzung und Beschaffenheit über eine reinigende und für das Zahnfleisch kräftigende Wirkung verfügen, die freigesetzt wird, wenn das Tier ausgiebig darauf herumkaut. Im Normalfall reichen solche Produkte völlig aus, um Zähne und Zahnfleisch in gutem Zustand zu erhalten, vorausgesetzt, beide erfreuen sich von Geburt an bester Gesundheit und das Tier wird mit einer ausgewogenen, vitamin- und kalziumreichen Ernährung versorgt.

In anderen Fällen, wo der Zustand der Zähne erblich vorbelastet oder eine mangelhafte Ernährung im Welpenalter für schlechte Zähne verantwortlich ist, helfen die zuvor genannten Kauprodukte dabei, die Bildung von Zahnstein zu verlangsa-

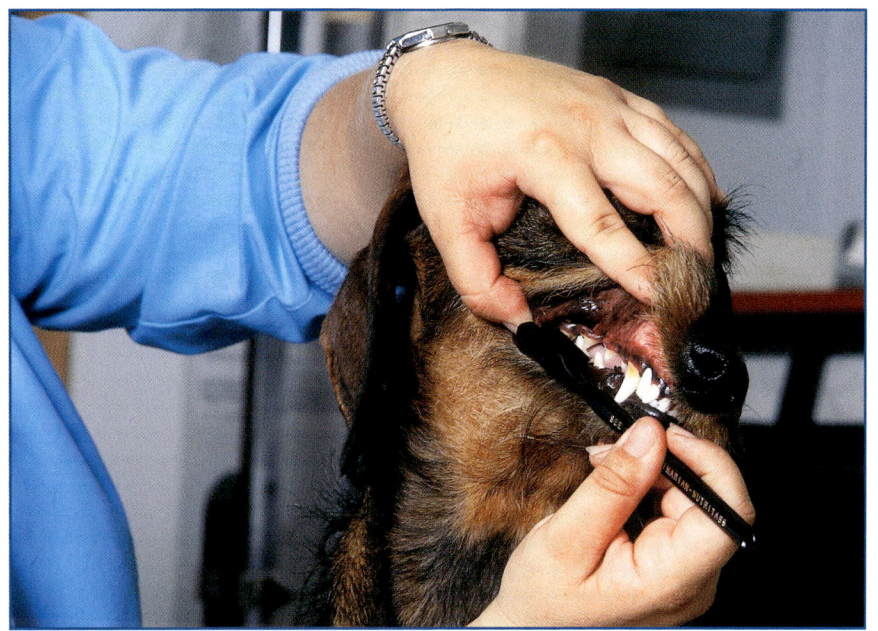

Ihr Tierarzt zeigt Ihnen gerne, was zur richtigen Zahnpflege gehört, damit Sie die Bildung von Zahnstein und -belag verhindern können.

men und zu verhindern, daß dieser sich festsetzen kann. Dennoch werden Sie in einem solchen Fall nicht umhinkommen, den hartnäckigen Belag vom Tierarzt regelmäßig entfernen zu lassen, denn er gefährdet anderenfalls die Gesundheit der Zähne und des Zahnfleisches.

Die ersten sieben Lebensjahre

Der einjährige Hund sollte nun einer gründlichen Generaluntersuchung unterzogen werden. Zu einem solchen Generalcheck gehören Untersuchungen der Augen, Ohren, des Maulinnenraums und Rachens, der Leisten, der Lungen, des Herzens, der Lymphknoten und des Unterbauches sowie Auffrischungen bestimmter Schutzimpfungen und eine Entwurmung. Außerdem bietet sich hierbei die Gelegenheit, den Tierarzt zu allem zu befragen, was einem innerhalb des Jahres am Verhalten des Hundes so aufgefallen ist. Bei Hunden mit hartnäckigen Zahnsteinablagerungen beginnen die meisten Tierärzte im Alter von zwei Jahren mit den ersten zahntechnischen Maßnahmen. Hierfür ist eine Narkose erforderlich, denn das Tier würde dabei ansonsten mit Sicherheit nicht stillhalten. Der Arzt verwendet bei dieser Prozedur einen Ultraschallschleifer, mit dem er den Zahnstein und -belag von und zwischen den Zähnen entfernt. Anschließend werden die Zähne poliert, damit sich neuer Belag und Zahnstein nicht mehr so leicht festsetzen können. Vielleicht werden noch Röntgenaufnahmen der Kiefer und Zahnwurzeln angefertigt und eine Fluoridbehandlung des Zahnfleisches vorgenommen, denn die so gefürchtete Zahnfleischentzündung wird nicht durch den Zahnstein, sondern vom Bakterienbelag auf den Zahnhälsen ausgelöst. Da jedoch beim Abschleifen des Zahnsteins der Bakterienbelag nur unzureichend entfernt wird, haben Zahnärzte speziell zu diesem Zweck eine neue Technik entwickelt, die auf Ultraschallbasis funktioniert. Die Ultraschallbehandlung ist schneller, zerstört mehr Bakterien und reizt das Zahnfleisch erheblich weniger als die herkömmliche Schleifmethode. Eine

...und denken Sie dran

Wenn Ihr Hund regelmäßig geimpft und entwurmt wird und nicht ohne Aufsicht herumstreunen darf, besteht auch für Sie und Ihre Kinder kaum ein Risiko, sich durch ihn mit Krankheiten zu infizieren. Trotzdem sollten Sie verbieten, daß der Hund Hände und Gesicht belecken darf.

spezielle Zahnpolitur schließt die Behandlung ab, das Zahnfleisch heilt schneller und der Halter kann somit früher mit der „Hausbehandlung" beginnen.

Jeder Hund hat seine individuellen Zahnprobleme, die in jedem Fall berücksichtigt und beobachtet werden müssen. Wird ein Dackel regelmäßigen Untersuchungen unterzogen und hat er ständig einen der erwähnten Kaugegenstände zur Verfügung, um so seine eigene Zahnpflege zu betreiben, sollten keine weiteren Probleme auftreten.

Der alte Dackel

Ab einem Alter von etwa sieben Jahren werden Dackel als ältere bis alte Hunde bezeichnet. An den jährlichen Abständen der Vorsorgeuntersuchungen ändert sich auch jetzt nichts, nur sollten diese nun

Ab einem Alter von etwa sieben Jahren werden die Dackel als ältere Hunde bezeichnet. Die Vorsorgeuntersuchungen sollten dann etwas umfassender sein, im Bezug auf eventuelle Alterserscheinungen.
Foto: Robert Smith

schon etwas umfassender sein, besonders in Hinsicht auf die langsam beginnenden Alterserscheinungen. Eine Früherkennung erhöht in jedem Fall die Heilungschancen, verkürzt die Behandlungsdauer und senkt natürlich auch die Kosten. Eine dem Alter des Tieres angemessene und ausgewoge-ne Ernährung mit speziellen Futtersorten für ältere Hunde sowie gut proportionier-te Bewegung im Freien, können die Entwicklung von altersbedingten Gesundheitsstörungen verlangsamen und dafür sorgen, daß sich ihr Dackel auch bis ins hohe Alter wohlfühlt und gesund bleibt.

Ausgewogene Ernährung, sowie gut proportionierte Bewegung im Freien sorgen dafür, daß sich der Dackel bis ins hohe Alter wohlfühlt und gesund bleibt. **Unten:** Foto: Züchtergemeinschaft Kellen

Wann ist Ihr Dackel krank

	Gesunder Hund	Kranker Hund
Augen	klar	gerötet, trübe, ständiges Reiben mit den Pfoten
Nase	sauber	Ausfluß, eitrig verklebt
Ohren	sauber	verkrustet, Ausfluß, übler Geruch, ständiges Kratzen oder Kopfschütteln
Fell	glänzend, anliegend	stumpf, struppiges Aussehen, Haarausfall eventuell mit Hautekzemen
Schleimhäute	rosafarben	blaß rosa bis weißlich oder rot entzündet
Zahnfleisch	rosafarben, gut durchblutet	weißlich, rot entzündet, käsiger, übelriechender Belag
Bewegungsapparat	fließende Bewegungen	Lahmheit, Bewegungsunlust, Schmerzlaute, Schwierigkeiten beim Aufstehen
Verdauung	fester Kot, keine Verschmutzungen des Fells im Analbereich	Durchfall, verschmutzte Analregion, häufiges Erbrechen, anhaltende Verstopfung, keine Kotabgaben, aufgeblähtes Abdomen
Temperatur	normal, 37,5 bis 39 °C	zu hoch, zu niedrig
Verhalten	aufmerksam, aktiv, Futter- und Wasserkonsum normal	apathisch, unkonzentriert, unregelmäßiges Fressen, Futterverweigerung, erhöhtes Trinkbedürfnis, Rastlosigkeit, Winseln, erhöhtes Ruhe- und Schlafbedürfnis

Das Erkennen genetisch bedingter Krankheiten beim Dackel

Es gibt eine Reihe von Krankheiten, die beim Dackel besonders häufig auftreten. Bei einigen Erbkrankheiten konnte das verantwortliche Gen bereits ermittelt und isoliert werden, jedoch ist das leider nicht bei allen der Fall. Hier bleibt nur die Möglichkeit, die besonders betroffenen Hunderassen ausfindig zu machen, einen Weg zur einwandfreien Erkennung und effektiven Behandlung der Krankheit zu finden und entsprechende Vorsorgemaßnahmen zu treffen.

Die im Folgenden genannten Krankheiten sind beim Dackel besonders häufig nachzuweisen, wobei diese Aufstellung keinesfalls den Anspruch auf Vollständigkeit erhebt. Einige der genetisch bedingten Krankheiten können durchaus innerhalb bestimmter Zuchtlinien häufig sein, gelten jedoch in der Gesamtheit der Rasse als selten.

Acanthosis nigricans

Hierbei handelt es sich um eine dunkle Verfärbung und eine Verdickung der Haut in den Achseln und in der Leistengegend – eine Krankheit, die ausschließlich beim Dackel auftritt. Die betroffenen Hunde entwickeln mit der Zeit auf ihrer kompletten Körperunterseite eine verdickte, dunkle und haarlose Haut, die relativ ölig ist.
Die Diagnose gestaltet sich gewöhnlich nicht besonders schwierig, denn das klinische Erscheinungsbild der Krankheit ist charakteristisch. Obwohl es sich hier um eine echte rassespezifische Erkrankung handelt, konnte die exakte Genetik dieses Zustandes noch nicht mit Sicherheit bestimmt werden.
Acanthosis nigricans ist leider unheilbar, jedoch gibt es verschiedene Möglichkeiten zu einer Verbesserung des Zustandes. Beim Menschen geht die Krankheit gewöhnlich mit einer Art von Krebs einher, was bei Dackeln nicht der Fall ist. Daher muß die Behandlung bei betroffenen Hunden auch keineswegs so aggressiv wie beim Menschen sein. Die orale Verabreichung von Vitamin E und regelmäßige Bäder mit Antifettshampoos können die Situation oftmals erträglich machen. Ein zur Zeit noch experimentelles Medikament, Melatonin, wird zur Aufhellung der dunkel verfärbten Hautregionen benutzt. Unter dieser Krankheit leidende Dackel sollten natürlich keinesfalls für die Zucht benutzt werden.

Cystinurolithiase

Einige Dackel leiden unter einem vererbten Stoffwechseldefekt, der dazu führt, daß das betroffene Tier die Aminosäure Cystin in seinem Urin verliert. Dieser Zustand wird als Primäre Cystinurie bezeichnet und tritt zu gleichen Teilen bei beiden Geschlechtern auf. Einige dieser Hunde, besonders die Rüden, leiden auch unter Nierensteinen. Der exakte Grund dafür, daß einige Hunde Nierensteine entwickeln und andere nicht, ist gänzlich unbekannt. Man weiß aber, daß Hunde, die einen übersäuerten Urin produzieren, häufiger Nierensteine ausbilden, was daran liegen könnte, daß sich Cystin in alkalischem Urin besser löst. Die Tatsache, daß Rüden häufiger unter Nierensteinen leiden als Weibchen, erklärt sich vielleicht durch den engeren Harnleiter der Rüden.

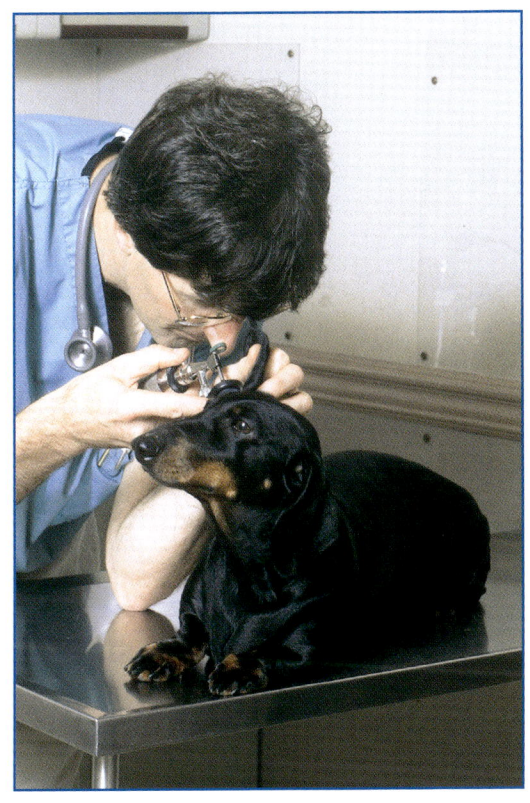

großen Nierensteinen ist ein operativer Eingriff oftmals unumgänglich, denn zum Zerstören von „Cystinsteinen" haben sich rein medikamentöse Therapien als wenig effektiv erwiesen. Wird der Zustand von einer Harnleiterinfektion begleitet, kann auf die Verabreichung von Antibiotika keinesfalls verzichtet werden. Ist die Situation schließlich unter Kontrolle, muß unbedingt verhindert werden, daß sich neue „Steine" bilden. Das geschieht am besten durch eine Ernährungsumstellung, die den pH-Wert des Urins im alkalinen Bereich hält oder auch durch Anreicherung des normalen Futters mit Natriumbikarbonat. Außerdem gibt es ein Medikament (D-Penicillamin), das das Cystin bindet und somit verhindert, daß es über den Urin verloren geht. Hunde mit Cystinurie sollten von der Zucht ausgenommen werden.

Dachshunde sind für eine Reihe von Gesundheitsproblemen anfällig. Regelmäßige Untersuchungen sind deshalb die beste Vorbeugung.

Die Diagnose wird anhand einer Bewertung der Urinsedimente und durch Röntgenaufnahmen erstellt. „Cystinsteine" sind auf Röntgenbildern leider nicht so deutlich zu erkennen wie einige andere, beispielsweise aus oxalsaurem Salz oder Struvit. Die „Steine" selbst können in spezialisierten Laboratorien analysiert und die Diagnose damit bestätigt werden.

Die Behandlung besteht aus dem Entfernen vorhandener „Steine", der Kontrolle von eventuellen Infektionen und dem Verhindern einer erneuten Steinbildung. Für die Entfernung von zahlreichen oder

Milben

Milben schwächen das Immunsystem. Wenn die Ursache für die Immunschwäche behoben werden kann, dezimiert sich auch der Milbenbestand. Gleichermaßen verhält es sich, wenn sich das Immunsystem des Welpen selbständig erholt, somit voll funktionstüchtig wird und eine Selbstheilung eintritt. Dieser Entwicklungsprozeß kann durch eine gesunde Ernährung, vorbeugende Behandlungen gegen eventuell vorhandene Innenparasiten, sofortige medizinische Hilfe bei anderen Erkrankungen, den Gebrauch von Anti- Milben-

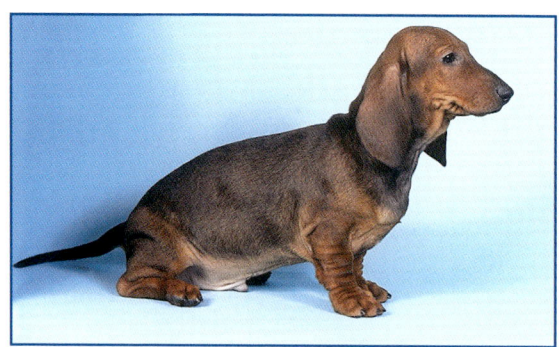

Die Haut eines Welpen sollte geschmeidig und elastisch sein. Ist sie extrem dehnbar und brüchig, könnte der Hund unter Hautasthenie leiden.

Shampoos und nährstoffreiche, das Immunsystem stärkende Futterbeigaben unterstützt werden. Normalisiert sich der Zustand nicht selbständig oder tritt trotz Behandlung eine Verschlechterung ein, wird der Einsatz spezieller Medikamente zum Abtöten der Milben erforderlich. Dazu eignen sich am besten bestimmte Bademittel oder auch andere Produkte wie verschiedene Puder, die beim Tierarzt erhältlich sind. Doch auch hier muß beachtet werden, daß das Abtöten der Milben keinen Beitrag zur Wiederherstellung eines intakten Immunsystems leistet.

Die einzige Maßnahme zur Vorbeugung, die hier genannt werden kann, ist der gute Rat, derart erkrankte Hunde, deren Eltern und Welpen von der Zucht auszuschließen.

Ellbogengelenksdysplasie

Diese Erkrankung entsteht durch eine anormale Entwicklung der Elle, einem der Unterarmknochen. Das Resultat ist ein instabiles Ellbogengelenk und damit verbundene Lahmheit. Dieser Zustand wird, genau wie bei der Hüftgelenksdysplasie, durch eine häufige Inanspruchnahme des Gelenks verschlimmert.

Vorwiegend kleine Hunderassen leiden an dieser Krankheit. Beispielsweise der Yorkshire Terrier und der Shi Tzu sind häufig davon betroffen.

Für diesen Zustand ist genaugenommen nicht nur ein Faktor, sondern gleich eine ganze Reihe unterschwelliger Probleme verantwortlich, die alle das Ellbogengelenk belasten. Dazu gehören neben der oben bereits angesprochenen degenerierten Elle auch eine mittig unvollständig ausgebildete Knochenkrone, die Osteochondrose der medialen Gelenkhöcker der Schulter oder eine unvollständige Verknöcherung derselben. Diese Krankheitsbilder treten am häufigsten bei Junghunden auf, die bereits im Alter zwischen vier und sieben Monaten die ersten Symptome zeigen. Diese äußern sich gewöhnlich in Form plötzlich eintretender Lahmheit, die durch die anhaltende Entzündung des betroffenen Gelenks später in Arthritis übergeht.

Beim Dackel tritt diese Krankheit erfreulicherweise sehr selten auf, was den Bemühungen verantwortungsbewußter Züchter zu verdanken ist. Dennoch sind weitere Kontrollen notwendig, um die Krankheit gänzlich aus der Rasse zu eliminieren.

Die Diagnose erfolgt anhand von Röntgenaufnahmen. Werden bis zu einem Alter von 24 Monaten keine Anzeichen für diese Anomalie nachgewiesen, kann das Tier zum Züchten eingesetzt werden. Die Schwere der bei dieser Untersuchung nachgewiesenen Fälle wird in die Grade I bis III unterteilt. Ein Grad III-Fall zeigt ein deutlich degeneriertes Ellbogengelenk. Vor einigen Jahren noch wurden Hunde mit einem

Grad I-Ergebnis zur Zucht zugelassen, jedoch sind die diesbezüglichen Bestimmungen glücklicherweise inzwischen geändert worden, so daß auch die „leichten" Fälle heute nicht mehr als zuchttauglich zugelassen sind.

Es gibt Anhaltspunkte dafür, daß neben genetisch Bedingten Auslösern noch andere Faktoren bei diesen Krankheiten eine Rolle spielen könnten, wie beispielsweise eine sehr kalorienreiche Ernährung, in der auch große Mengen von Kalzium und Proteinen enthalten sind und die so die Entwicklung von Osteochondrose bei gefährdeten Hunden fördert. Auch ungeregelte und übertrieben ausgeführte körperliche Aktivitäten können oftmals zu Verletzungen der Knochenknorpel führen und sind somit ebenfalls als Risikofaktoren zu betrachten.

Epilepsie

Idiopathische Epilepsie taucht beim Dackel in verschiedenen Zuchtlinien auf. Zuchtstudien haben Aufschluß über eine genetische Grundlage für diese Krankheit ergeben, die am häufigsten bei Hunden im Alter zwischen einem und drei Jahren diagnostiziert wird. Das Krankheitsbild ist dem beim Menschen sehr ähnlich, und auch die Anfälle folgen dem gleichen Muster.

Ein epileptischer Anfall umfaßt gewöhnlich mehrere Phasen. Die erste Phase, der nahende Anfall, macht sich bereits durch Ruhelosigkeit, Ängstlichkeit, auffällige Erregtheit oder andere Verhaltensveränderungen bemerkbar. Dieser Phase folgt der eigentliche Anfall, bei dem der Hund gewöhnlich das Bewußtsein verliert und sich die Gliedmaßen versteifen. Anschließend folgen rudernde und zappelnde Bewegungen der Glieder. Weinen, Urinieren, das Entleeren des Darms und Sabbern sind ebenfalls häufig auftretende Begleiterscheinungen. Diese Phase kann nur Sekunden, aber auch einige Minuten lang anhalten. Die letzte Stufe wird als Post-Iktus bezeichnet und beinhaltet Krämpfe, zeitweise Blindheit, Schläfrigkeit oder auch Kreiseln. Dieser Zustand kann von wenigen Minuten bis zu einigen Tagen

…und denken Sie dran

Werden Sie auf Abweichungen im normalen Verhalten Ihres Hundes aufmerksam, zögern Sie nicht, umgehend Ihren Tierarzt aufzusuchen. Eine rechtzeitig erkannte und behandelte Krankheit ist meistens schnell wieder vergessen - verschleppte Krankheitssymptome machen eine korrekte Diagnose schwierig und verlängern den Heilungsprozeß erheblich.

anhalten. Zwischen der Dauer des Post-Iktus und der Länge oder Schwere des eigentlichen Anfalls besteht keine offensichtliche Verbindung.

Um den Ursprung der Epilepsie zu ergründen wird versucht, die Verläufe der Anfälle mit den Ergebnissen von Untersuchungen im „Normalzustand" in Verbindung zu bringen und daraus die infrage kommenden Schlußfolgerungen abzuleiten. In manchen Fällen kann so das eigentliche, meistens unterschwellige Problem erkannt und behoben werden, doch ist das leider nicht immer möglich. Das am häufigsten

Erste Symptome der Hüftgelenks-dysplasie können sich bereits im Alter von fünf Monaten bemerkbar machen. Beim Dackel tritt die Krankheit erfreulicherweise nur selten auf.
Foto: R. Klaar

bei Hunden gegen epileptische Anfälle verordnete Medikament ist Phenobarbitol, welches Anfällen sehr effektiv entgegenwirkt und nur wenige Nebenwirkungen hat. Diese können sich durch einen gesteigerten Appetit, ein erhöhtes Trinkbedürfnis, aber auch durch vorübergehende Schwäche äußern. Es ist ausgesprochen wichtig, daß der Tierarzt periodische Bluttests zur Feststellung des Phenobarbitolgehaltes im Blut durchführt. Ein solcher Bluttest wird unmittelbar vor der Verab-

reichung der nächsten Medikamentendosis vorgenommen, wenn die Phenobarbitolkonzentration im Blut am niedrigsten ist. Anhand dieser Untersuchung kann der Tierarzt sehen, ob die zu verabreichende Dosis erhöht, verringert oder gleichbleiben muß. Für Hunde, die nicht gut auf Phenobarbitol ansprechen, sind Primidon- und Kaliumbromid eine mögliche Alternative. Obwohl ein vollständiges Verhindern der epileptischen Anfällen in den meisten Fällen nicht möglich ist, ist es dennoch von

Bei der Auswahl eines Dackelwelpen sollten Sie sich vergewissern, daß die Elterntiere nachweislich frei sind von Anzeichen für Hüftgelenksdysplasie und anderen genetisch Krankheiten.
Foto: Archiv bede-Verlag

größter Wichtigkeit, wenigstens deren Intensität so weit wie machbar zu schwächen und möglichst große Abstände zwischen den Anfällen zu erzielen. Mit Epilepsie belastete Dackel sind von der Zucht auszuschließen.

Hüftgelenksdysplasie

Das Auftreten von Hüftgelenksdysplasie ist für insgesamt 79 Hunderassen nachgewiesen. Es handelt sich hierbei um eine genetisch bedingte Mißbildung der Gelenkkugel und der Gelenkpfanne mit klinischen Anzeichen für keine bis schwere Hüftlahmheit. Die ersten Symptome können sich bereits sehr früh, nämlich in einem Alter von nur fünf Monaten bemerkbar machen, jedoch kommt es nicht selten

vor, daß das erst im Alter von zwei Jahren der Fall ist. Die Feststellung der Anomalie kann durch einen DNA-Test oder bei bereits erwachsenen Hunden auch anhand von Röntgenaufnahmen erfolgen.
Die krankhafte Veränderung des Gelenks beginnt innerhalb der ersten 24 Lebensmonate, in denen sich dann entscheidet, ob und in welcher Schwere die Krankheit ausbricht. Die Erbmasse dieser Hunde ist jedoch in jedem Fall vorbelastet, was sie automatisch aus der weiteren Zucht ausschließt. Auch hier wird nach Grad I bis Grad III-Fällen unterschieden.
Heute ist es anhand verschiedener Faktoren möglich zu beurteilen, ob sich bei einem Hund mit nachgewiesenen Anzeichen für Hüftgelenksdysplasie letztlich auch Symptome entwickeln werden. Zu den dabei zu beurteilenden Faktoren gehören die Körpergröße, der Körperbau, Wachstumsmerkmale sowie der Kalorengehalt und das Elektrolytgleichgewicht

in der Ernährung des betreffenden Tieres. Beim Dackel tritt auch diese Krankheit erfreulicherweise sehr selten auf, was den Bemühungen verantwortungsbewußter Züchter zu verdanken ist. Dennoch sind weitere Kontrollen notwendig, um die Krankheit gänzlich aus der Rasse zu eliminieren.

Bei der Auswahl eines Dackels sollten Sie sich unbedingt vergewissern, daß die Elterntiere beide nachweislich frei von Anzeichen für Hüftgelenksdysplasie sind. Erwerben Sie dennoch einen Welpen mit einer Veranlagung (z.B. Grad I) für diese Krankheit, können Sie einiges tun, um das Risiko für das Auftreten von Symptomen einzudämmen. Sie sollten beispielsweise ein Futter mit einem nicht zu hohen Proteingehalt auswählen und die Super-Premium-Marken sowie solche mit hohem Kaloriengehalt meiden. Außerdem sollten Sie generell mehrere kleine Mahlzeiten am Tag verabreichen und auf alle zusätzlichen Nährstoffbeigaben wie Kalzium-, Phosphor- oder Vitamin D-Supplemente verzichten. Ein weiterer Punkt sind kontrollierte Aktivitäten mit dem Welpen wie Spaziergänge an der Leine, anstatt den Hund ausgelassen herumtollen oder sogar auf, über oder von Dingen springen zu lassen. Dadurch würden die noch im Wachstum befindlichen Gelenke über Gebühr belastet und die bereits vorhandene Neigung zu Hüftgelenksdysplasie würde begünstigt werden.

Die Tatsache, daß Sie vielleicht einen Hund mit Hüftgelenksdysplasie besitzen, bedeutet jedoch noch nicht, daß alles verloren ist und Sie das Tier besser einschläfern lassen sollten. Das klinische Bild dieser Krankheit ist ausgesprochen vielgestaltig. Es kann sogar passieren, daß Hunde mit einer schweren Grad III-Diagnose kaum durch Schmerzen beeinträchtigt werden, wohingegen solche mit nur einer schwachen Veranlagung unter Umständen unter heftigen Schmerzen zu leiden haben. Der eigentlich ausschlaggebende Punkt bei dieser Erkrankung ist der, daß die Dysplasie der Hüftgelenke die Entstehung von degenerativen Gelenkkrankheiten wie der Osteoarthritis oder Osteoarthrose begünstigt, die letztendlich in der völligen Unbrauchbarkeit der Gelenke gipfeln. In einem frühen Stadium sind Medikamente wie Aspirin und andere entzündungshemmende Mittel hilfreich, jedoch ist eine Operation bei Fällen von starken Schmerzen, einer erheblichen Beeinflussung der Bewegungsabläufe oder bei einem Ausbleiben der Reaktion auf verabreichte Medikamente unumgänglich.

Hyperadrenocortismus (Cushings Syndrom)

Diese Krankheit entsteht, wenn der Körper zu viel Cortisol erzeugt, die körpereigene Form von Cortison. In 85% aller Fälle führt dieser Zustand zu einem gewöhnlich nicht krebsartigen Tumor in der Hirnanhangdrüse. Bei den verbleibenden 15% der Fälle treten Tumore in der Adrenalindrüse nahe der Nieren auf, die zu 50% krebsartig sind. Die Krankheit ist gewöhnlich bei Hunden mittleren Alters und alten Tieren zu entdecken, nicht jedoch bei Welpen.

Hyperadrenocortismus kann sich durch eine Reihe sehr unterschiedlicher Symptome bemerkbar machen, wovon die häufigsten ein erhöhtes Trinkbedürfnis, gesteigerter Appetit und ungewöhnlich häufiges Urinieren sind. Andere klinische Anzeichen können in Haarausfall, einer erhöhten Anfälligkeit für Infektionen, Muskelatro-

phie und Energiemangel bestehen. Es gibt verschiedene Untersuchungsmethoden für das Cushings Syndrom, jedoch wird die Diagnose gewöhnlich letztendlich durch eine Dexamethasonunterdrückung oder eine ACTH-Stimulation bestätigt.
Die Behandlung der Tumore der Hirnanhangdrüse erfolgt meistens mit Mitotan, Ketoconazol oder L-Deprenyl. Solche in der Adrenalindrüse werden entweder mit höheren Dosen der eben genannten Medikamente behandelt oder operativ entfernt. Da Hyperadrenocortismus beim Dackel sehr selten vor erreichen eines hohen Alters auftritt, kann man meist von einem Alters-Cushingsyndrom sprechen.

Bandscheibenvorfall

Der Begriff einer verschobenen oder verrutschten Bandscheibe dürfte wohl kaum jemandem fremd sein, jedoch wird es Sie überraschen zu hören, daß es sich dabei auch um ein häufig bei Hunden auftretendes Problem handelt. Der Dackel ist die Rasse, bei der diese Art von Erkrankungen am häufigsten festzustellen ist. Man kann sogar sagen, daß die Hälfte aller Fälle auf den Dackel allein entfallen. Etwa 85% aller Fälle von Bandscheibenvorfällen betreffen den hinteren Rückenbereich und etwa 15% die Halsregion.
Eine Bandscheibe kann man sich wie einen Reifen vorstellen, der von einer äußeren, festen, faserartigen Schicht umgeben ist und einen geleeartigen Kern besitzt. Nun

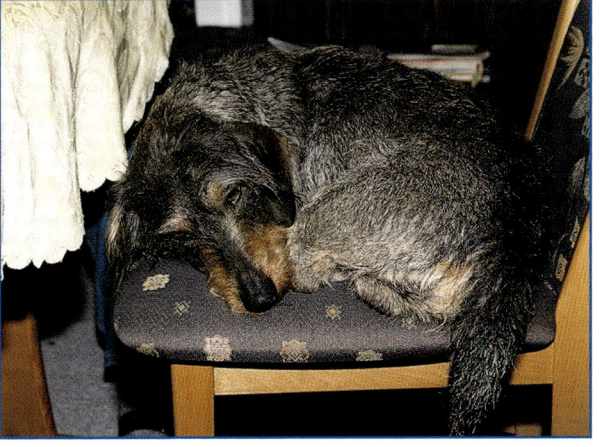

Der Dackel gehört zu der Rasse, bei der am häufigsten Bandscheibenvorfall festgestellt wird. Etwa 85 % aller Fälle betreffen den hinteren Rückenbereich und 15 % die Halsregion.
Foto: Archiv bede-Verlag

kann es passieren, daß dieser Geleekern durch die äußere Faserschicht „rutscht" oder diese „durchstößt" und so Druck auf das Rückenmark ausübt. Das wiederum verursacht starke Schmerzen und führt zu einer eingeschränkten Bewegungsfähigkeit jener Gliedmaßen, die mit den betroffenen Nervensträngen verbunden sind. Bei Rassen mit sehr kurzen Beinen wie dem Dackel (Chondrodystrophide Hunderassen), können im Alter von einem Jahr bereits 75 bis 100% aller vorhandenen Bandscheiben degeneriert sein.
Das hauptsächliche Symptom dieser Erkrankung sind intensive Schmerzen. Wenn eine Bandscheibe im unteren Rückenbereich „vorfällt" (thoracolumbarer Bandscheibenvorfall), kommt es zu einer Lähmung der Hinterbeine und einem erheblichen Druck der durchgebrochenen Masse auf die Bandscheibe. In nur kurzer Zeit nimmt der Schmerz jedoch wieder ab, da das geschädigte Rückenmark die Fähigkeit der Schmerzempfindung beeinträchtigt. Dies sind dann echte Notfälle für eine Operation. Ganz abhängig davon, wo es

zum Vorfall kommt, können auch noch andere Symptome auftreten. Bei einem Vorfall im Genickbereich sind Schmerzen gewöhnlich das einzige Anzeichen. Der Grund dafür ist die Tatsache, daß die Wirbelsäule in diesem Bereich relativ viel Platz hat und somit kaum Druck auf das Rückenmark entsteht. In solchen Fällen ist der Schmerz allerdings so intensiv, daß die Hunde vor Schmerzen schreien und weder Kopf noch Hals bewegen wollen oder können.

Wenn der Verdacht auf einen Bandscheibenvorfall besteht, werden gewöhnlich Röntgenaufnahmen des Rückens und der Halswirbelsäule angefertigt, auch wenn die klinischen Anzeichen bereits einen zuverlässigen Hinweis darauf geben, in welchem Bereich das Problem liegt. Das dient dem Zweck, gleichzeitig andere, ebenfalls vorfallgefährdete Stellen erkennen zu können. Gelegentlich wird das Injizieren eines Farbstoffs in das Rückenmark notwendig, um die „Bruchstelle" exakt lokalisieren zu können.

Ein Bandscheibenvorfall kann medikamentös oder auch operativ behandelt werden. Welche der beiden Behandlungsmethoden im jeweiligen Fall zum Einsatz kommt, entscheiden die Ergebnisse gründlicher Untersuchungen. Bei leichten bis mäßigen Schmerzen ohne ersichtliche Schädigung des Rückenmarks wie Lähmungserscheinungen kann eine medikamentöse Behandlung ausreichen. Es muß strengstens darauf geachtet werden, daß der Hund absolut ruhiggestellt wird und

Ein Bandscheibenvorfall kann medikamentös oder auch operativ behandelt werden. Welche der beiden Behandlungsmethoden zum Einsatz kommen, entscheidet eine gründliche Untersuchung. Meist werden Röntgenaufnahmen des Rückens und der Halswirbelsäule angefertigt.
Foto: Züchtergemeinschaft Kellen

Achten Sie bei der Auswahl eines Welpens bereits darauf, daß er nicht aus einer mit Bandscheibenvorfällen vorbelasteten Zuchtlinie stammt.

entzündungshemmende Medikamente zum Abschwellen des Rückenmarks erhält. Diese Medikamente enthalten oft Kortison, weil dieser Wirkstoff die Entzündung in dem verletzten Bereich am schnellsten abklingen läßt. Außerdem werden auch muskelentkrampfende Mittel verordnet. Die Behandlung ist für Hunde mit einem Bandscheibenvorfall im Genickbereich am wirkungsvollsten.

Bei Hunden mit deutlichen Lähmungserscheinungen und einem beeinflußten oder nicht mehr vorhandenen Schmerzempfinden, ist umgehend zu einer Operation zu raten. Wird der Druck auf das Rückenmark nicht innerhalb von 24 Stunden behoben, können bleibende Nervenschäden die Folge sein. Es gibt verschiedene Operationsmethoden, um den Druck auf das Rückenmark zu verringern und die ausgetretene Geleemasse zu entfernen. Während des Eingriffs kann der Chirurg sich dazu entschließen, andere Bandscheiben in dem betroffenen Bereich, die ebenfalls vorfallgefährdet sind, mit einem „Fensterverband" zu sichern. Da bei chondrodystrophiden Rassen ein erhöhtes Risiko dafür besteht, daß mehr als nur eine Bandscheibe gefährdet ist, handelt es sich dabei um eine effektive Maßnahme zur Vermeidung von weiteren Operationen.

Bei Bandscheibenvorfällen im unteren Rückenbereich ist eine medikamentöse Behandlung ausreichend, wenn das Tier noch Schmerzen empfindet und keine vollständige Lähmung vorliegt. Dieser Zustand

Weil Dackel einen langen Körper und kurze Beine haben, sind sie extrem anfällig für Bandscheibenschäden.

läßt vermuten, daß der Schaden am Rückenmark eher oberflächlich und somit wahrscheinlich nicht permanent ist. Allerdings liegt die Anzahl von Wiederho-

eine Operation auch nicht mehr effektiver als eine konservative Behandlung. Mit viel Ausdauer und der Hilfe eines geduldigen Halters können aber sogar solche Hunde nach Wochen oder Monaten einige Funktionen wiedererlangen. Viele Dackel haben bereits unter Beweis gestellt, daß sie selbst mit gelähmten Hinterbeinen noch ein relativ gutes Leben führen können. Mit Hilfe eines Hundesulkies, der ihre Hinterbeine stützt, können sie sich recht geschickt allein mit den Vorderbeinen fortbewegen. In jedem Fall aber sollten Sie darauf achten,

Wegen ihrer Rückenprobleme ist ein übermäßiges Herumtollen im Freien für Dackel tabu. Dieser hier sieht allerdings nicht so aus, als würde er sich Sorgen machen müssen.

lungsfällen bei Hunden mit rein medikamentöser Therapie bei 40 %. Für Hunde mit einem totalen Verlust des Schmerzempfindens über einen Zeitraum von 24 Stunden stehen die Chancen für eine völlige Heilung sehr schlecht. In solchen Fällen ist

keinen Welpen aus einer derart vorbelasteten Zuchtlinie zu erwerben.
Achten Sie bei der Auswahl des Welpen auf ein gutes Verhältnis: Abstand vom Boden 1/3 von der Körperlänge wäre optimal, ebenso bei der Mutter.

Mediale Kniescheibenverrenkung

Dieses Phänomen kommt zustande, wenn die Kniescheibe aus ihrer normalen Position herausrutscht und sich dann meistens an der Knieinnenseite verklemmt. Es handelt sich um ein erbliches Problem, das sich durch das Ausweiten des Gewebes und eine fortschreitende Deformation des Knochens im Laufe der Zeit verschlimmert. Auch hiervon sind wieder am häufigsten die kleinen und Toy-Hunderassen betroffen.

Die Schwere der Erkrankung wird gewöhnlich in Grade (Grad I, schwach bis Grad IV, schwer) unterteilt, die danach bestimmt werden, wie locker die Kniescheibe sitzt. Die Verschiebung kann medial (mittig) als auch lateral (seitlich) auftreten, und die Kniescheibe kann hierbei lediglich unilateral (einseitig) aber auch bilateral (beidseitig) geschädigt sein. Es kann, muß jedoch nicht zwingendermaßen, dadurch zu Problemen im Bewegungsablauf und Schmerzen kommen.

Die Diagnose erfolgt durch einen Test, bei dem das Kniegelenk manipuliert wird, um festzustellen, ob sich die Kniescheibe in Richtung Knieinnenseite verschiebt. Diese Untersuchung ist gewöhnlich mit keinen oder nur unwesentlichen Schmerzen für das Tier verbunden. Röntgenaufnahmen tragen ebenfalls zu einer sicheren Diagnose bei.

Ältere Hunde und als Grad I-Fälle diagnostizierte sprechen mitunter gut auf konservative Therapien an, jedoch wird bei jungen Hunden oftmals zu einer Operation geraten, bevor arthritische Veränderungen auftreten. Es stehen mehrere Operationstechniken zur Verfügung, die alle eine hohe Erfolgsquote für sich verbuchen

Gesunde wie kranke Hunde brauchen viel Liebe und Zuneigung, um ein erfülltes Dasein zu führen.

können. Nach einem solchen Eingriff benötigt das Tier unbedingt bis zu sechs Wochen Ruhe, damit der Heilungsprozeß nicht negativ beeinflußt wird. Das heißt kein Herumtollen, Springen oder Jagen, sondern lediglich kurze Spaziergänge an der Leine.

Auch hier liegt die einzige mögliche Vorsorgemaßnahme in der Auswahl eines Welpen, der aus einer von dieser Krankheit freien Zuchtlinie stammt.

Bei DTK-Dackeln ist diese Erkrankung nur noch selten vorhanden.

Netzhautatrophie

Bei dieser Krankheit haben wir es mit einer schnell voranschreitenden Verringerung der Sehfähigkeit zu tun, die in völliger Blindheit endet. Der Auslöser ist ein defektes Gen, das bereits bei mindestens einer der betroffenen Rassen entdeckt und identifiziert werden konnte. Im Gegensatz zu einigen anderen Erbkrankheiten, sind hier innerhalb der Hunderassen unterschiedliche spezifische Erbgutmerkmale und Altersstufen beim Krankheitsausbruch erkennbar. Beim langhaarigen Zwergdackel ist die Krankheit zwar eingehend untersucht worden, jedoch konnte das verantwortliche Gen bisher nicht einwandfrei identifiziert werden.

Bei einigen Rassen geht die Krankheit mit einer progressiven Degeneration des Netzhautgewebes einher. Der Verlust der Sehfähigkeit schreitet langsam aber stetig voran, weshalb sich die meisten Hunde an ihre verminderte Sehfähigkeit problemlos anpassen, bis sie letztlich fast völlig blind sind. Aus diesem Grunde wird die Krankheit oftmals erst dann vom Halter entdeckt, wenn sie schon sehr weit fortgeschritten ist.

Nur in den wenigsten Fällen sind frühe sichtbare Veränderungen des Auges vorhanden, ein Umstand, der die Krankheit so unberechenbar macht. Erst wenn die Erblindung bereits eingetreten ist, wird der Zustand offensichtlich. Im frühen Entwicklungsstadium der Krankheit kommt es zuerst zu Nachtblindheit, die jedoch auch nur in den seltensten Fällen vom Halter als solche erkannt wird. Durch die Tatsache, daß die meisten Hunde so exzellent ausgeprägte andere Sinne wie den Geruchssinn und die Hörfähigkeit besitzen, ist die eingeschränkte Sehfähigkeit keineswegs auffällig.

Die Diagnose kann anhand von zwei Untersuchungsmethoden erstellt werden – die erste ist eine direkte Visualisation der Netzhaut, die andere eine Elektroretinographie. Eine indirekte Ophthalmoskopie erfordert viel Training und die Erfahrung eines Experten, weshalb diese Untersuchungstechnik meistens nicht von „normalen" Tierärzten, sondern fast ausschließlich von Augenspezialisten durchgeführt wird. Bei betrof-

Da Hunde einen ausgeprägten Geruchssinn und ein exzellentes Gehört besitzen, fällt eine eingeschränkte Sehfähigkeit zunächst keineswegs auf.
Foto: Archiv bede-Verlag

fenen langhaarigen Dackeln sind die ersten Anzeichen meistens in einem Alter zwischen sechs und zwölf Monaten zu erkennen. Die Elektroretinographie ist ebenfalls eine knifflige Sache und wird gewöhnlich auch nur von Spezialisten angewandt. Die Untersuchung ist schmerzlos, und das verwendete Instrument sensibel genug, um ab einem Alter von neun Monaten selbst die frühesten Anzeichen der Krankheit zu erkennen.

Leider gibt es für die Netzhautathrophie derzeit noch keine effektive Behandlungsmethode, was zu Folge hat, daß alle betroffenen Hunde letztendlich erblinden. Gerade deshalb ist die Früherkennung der Krankheit besonders wichtig, denn nur so kann verhindert werden, daß sie durch vorbelastete Elternteile weitervererbt wird. Obwohl die Früherkennung anhand von DNA-Tests heute schon bei einigen Rassen möglich ist, handelt es sich dennoch um eine teure Untersuchung, die in speziellen Laboratorien vorgenommen werden muß und die sich nicht jeder Züchter oder Halter leisten kann.

Talgdrüsen-Adenom

Diese erst jüngst beschriebene Krankheit ist eine entzündliche Erkrankung der Haarfollikel und der Talgdrüsen, durch die sie versorgt werden.

Die meisten Fälle treten bei halberwachsenen Hunden auf, die zunächst eine silbrige, schuppige Haut zeigen. Danach folgt der Haarausfall. Generell ist dieser Zustand weder von Juckreiz noch von anderen Irritationen begleitet, es sei denn, es haben sich an den befallenen Hautstellen Infektionen eingenistet. Im Normalfall jedoch zeigt der Hund keinerlei Anzeichen für ein Unwohlsein.

Für eine exakte Diagnose sind Biopsien erforderlich, die möglichst von einem veterinärmedizinischen Spezialisten für Hautkrankheiten vorgenommen werden sollten. Werden bei einer solchen Untersuchung mehr als zwei befallene Haarfolli-

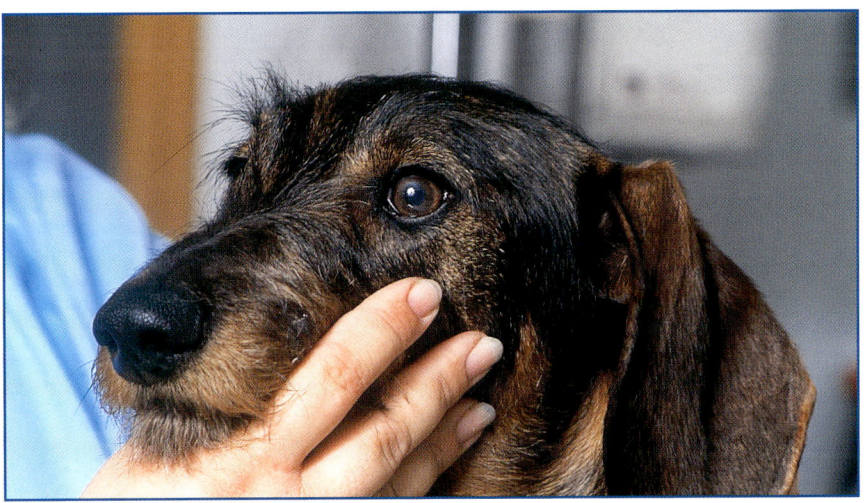

Untersuchungen auf eine Netzhautatrophie hin sind beim Dachshund sehr wichtig.

Achten Sie beim Kauf Ihres Welpen darauf, daß in seiner Zuchtlinie keine Fälle von Medialer Kniescheibenverrenkung vorliegen.

kel entdeckt, sollte der betreffende Hund bereits nicht mehr für die Zucht verwendet werden. Die zu untersuchenden Proben werden gewöhnlich aus der Mittellinie zwischen Kopf und Schulterblättern entnommen.

Frühzeitig erkannte Fälle dieser Art werden häufig mit Kortisonsteroiden behandelt, allerdings ist der Erfolg sehr unterschiedlich. Andere Behandlungsmethoden beinhalten die Verabreichung von Vitamin A-Derivaten, Antibiotika, Cyclosporin und essentiellen Fettsäuren. Eine äußerliche Behandlung ist ausgesprochen wichtig, denn die Haut wird sehr trocken und schuppig. Unter einer äußerlichen Behandlung sind in diesem Fall regelmäßige Bäder mit Zusätzen von Produkten zu verstehen, die dabei helfen, den Schuppenbelag von der Haut zu entfernen. Dazu eigenen sich teer- oder salicylsäurehaltige sowie Selensalz beinhaltende Badezusätze. Außerdem sollte die Haut durch Spülungen mit fünfzigprozentigem Propylenglykol und verschiedenen anderen Feuchtigkeitsmitteln und Weichmachern behandelt werden, um so den Feuchtigkeitsgehalt der Haut zu erhöhen und zu erhalten. Eine Heilung gibt es allerdings nicht, weshalb derart erkrankte Hunde von der Zucht ausgeschlossen werden sollten.

Bei Dackeln ist diese Krankheit weitgehend unbekannt, dennoch möchten wir darauf hinweisen.

Von Willebrand-Krankheit

Diese Krankheit wurde bereits bei mehr als 50 Rassen nachgewiesen, gilt als die häufigste Bluterkrankheit bei Hunden, ist aber in Deutschland zum Glück nicht sehr weit verbreitet. Dennoch möchten wir Sie an dieser Stelle auf die Gefahren dieser Krank-

heit hinweisen. Das dafür verantwortliche geschädigte Gen kann von einem oder beiden Elterntieren vererbt werden. Sind beide Elternteile Träger des Gens, sind deren Welpen meistens nicht lebensfähig und sterben schon bald nach der Geburt.

Die Krankheit zeichnet sich durch mäßig starke bis unkontrollierbar schwere Blutungen aus, für die eine mehr oder minder verringerte Gerinnungsfähigkeit des Blutes verantwortlich ist. Die Schwere der Krankheit ist sehr variabel – ein Welpe verfügt vielleicht nur über eine Blutgerinnungsfähigkeit von 15%, wohingegen ein anderer mit der selben Krankheit 60% aufweisen kann. Umso höher dieser Prozentsatz ist, desto unwahrscheinlicher ist es, daß die Krankheit frühzeitig erkannt wird, denn spontane Blutungen sind gewöhnlich erst ab einem Prozentsatz von unter 30% zu erwarten. Daher wird vielen Hunde diese Krankheit erst diagnostiziert, wenn sie durch eine Operation wie z.B. eine Kastration zutage tritt. In solchen Fällen kommt es dann während des Eingriffs zu unkontrollierbaren Blutungen und/oder zu Blutergüssen (Hämatomen) an der Operationsstelle.

Ebenso wie die Schilddrüsenunterfunktion ist diese Krankheit in Deutschland weitgehend selten anzutreffen.

Sonstige Dackelerkrankungen

Krebs beim Dackel

Dackelhündinnen neigen vermehrt dazu, ab einem Alter von ca. acht Jahren Milchsäugetumore zu entwickeln. Diese bilden sich an den beiden Milchleisten und sind sowohl im Gewebe als auch knapp unter der Haut zu ertasten. Zuerst sind diese Tumore immer gutartig, werden jedoch

Durch Abtasten des Bauches Ihrer Hündin können Sie dazu beitragen, daß es nicht unbemerkt zu Tumoren der Milchleiste kommt. Früher-kennung bedeu-tet Heilung. Foto: Robert Smith

bei rasantem Wachstum generell (ca. Pflau-mengröße) bösartig.

Bei einer Routineuntersuchung wird des-halb vom Tierarzt auf diese Bildungen an den Milchleisten entlang durch Abtasten untersucht. Sollten sich Knoten finden, müssen diese spätestens bei Kirschkern-größe entfernt werden. Hierbei wird stets

einseitigem Befall mit Tumoren, nur eine Milchleiste entfernen. Auch eine einzelne Entfernung der Tumore würde dem Hund nur görßeres Leid bereiten, als ihm nutzen würde. Die Kosten hierfür liegen je Operation bei ca. 300 DM,-. Der Hund kann nach erfolgreicher Entfernung der Milchleisten, wenn er anderweitig gesund bleibt, durchaus noch 14 oder mehr Jahre alt werden. Grundsätzlich jedoch wird der verantwortungsvolle Tierarzt eine Röntgenaufnahme der Lunge machen bei einem ertasteten Befund, um auszuschließen, daß sich durch die Gesäugetumore bereits Metastasen in der Lunge gebildet haben, in diesem Fall ist der Hund nicht mehr zu retten und muß eingeschläfert werden. Durch vorsichtiges Betasten des Bauches Ihrer Hündin, können Sie selbst viel dazu beitragen, daß es nie soweit kommen wird, daß Ihr Hund unbemerkt von Ihnen bereits große Tumore hat. Bei dem geringsten Verdacht zögern Sie bitte nicht, Ihren Tierarzt aufzusuchen. Beim Hund bedeutet Früherkennung hier Heilung.

Gewichtsprobleme

Der Dackel könnte fast als Allesfresser bezeichnet werden, und man muß schon sehr aufpassen, damit ihm das was er frißt auch alles bekommt. Wobei es nicht selten vorkommt, daß der Dackel auch zum Vielfraß wird. Beim Kaninchendackel ist meist ein Gewicht zwischen 3,5 bis 4,5 kg als normal anzusehen. Der Zwergdackel liegt bei 4,5 bis 6 kg, der Standarddackel wiegt zwischen 6 und 8,5 kg. Wobei es hier auch besonders große muskulöse Hunde gibt, die bis zu 12 kg wiegen können. Nun glauben Sie aber nicht, daß wenn Ihr Hund 12 kg wiegt, er dann nicht fett ist, dies gilt immer nur unter der Voraussetzung, daß

wegen der großen Operationsfläche nur eine Seite, ca. 2 bis 3 Monate später die andere Seite operativ in Vollnarkose entfernt werden. Keinesfalls sollte man bei

Auch Dackel können eine Mandelentzündung bekommen. Sie sollten also bei einer Erkältung und Mandelentzündung ihrerseits, die gleiche Vorsicht walten lassen, wie gegenüber Ihren übrigen Familienmitgliedern. Foto: Robert Smith

das Gesamterscheinungsbild des Hundes harmonisch ist und er elegant wirkt. Sollte Ihr Hund mehr wiegen als es seiner Größenklasse entspricht, dann sollten Sie sich fragen, ob Ihr Hund beim Laufen elegant wirkt oder wie eine watschelnde Ente daherkommt.

Ist letzteres der Fall, ist Ihr Hund garantiert zu dick. Der beste Anhaltspunkt um einen Dackel nicht zu überfüttern ist immer noch der Fütterungshinweis auf den Hundefutterpackungen. Wobei bei 12 kg (Übergewicht) Sie nicht bei großen Rassen die

Lassen Sie kein Futter herumstehen, füttern Sie konsequent morgens und abends immer zu gleichen Zeit, Ihr Hund gewöhnt sich an diesen Modus, lassen Sie das Beifüttern von Süßigkeiten und Essensresten, ein Büffelhautknochen zum Spielen und Freßen, macht außerdem nicht fett und Sie tun Ihrem Hund einen größeren Gefallen damit. Allerdings sollte er auch nicht zum Dauernager werden, daß er täglich mehrere dieser Knochen bekommt, beobachten Sie wie lange Ihr Hund sich mit seinem Knochen beschäftigt und richten Sie sich danach. Auch hier sollte die Vielfresserei nicht gefördert werden. Übergewicht führt zu massiven organischen- sowie Knochengerüsterkrankungen (Dackellähme, Arthrose, Fettleber, Herzerkrankungen).

Zahnprobleme

Hierzu gehört bei Kleindackeln eine besondere Anfälligkeit schnell Zahnstein zu bilden, was zu schlechten Zähnen und ständig entzündetem Zahnfleisch führen kann. eine halbjährige Kontrolle bereits beim einjährigen Dackel und einer Prävention mit einem Präparat, das auf die Zähne einmal wöchentlich mit den Fingern aufgetragen wird, ist daher anzuraten. Das Präparat enthält 2 mg Chlorhexidin und verhindert Ablagerungen an den Zähnen. Werden diese Ablagerungen nicht entfernt, führt dies zu Wurzelentzündungen der Zähne und des gesamten Kiefers, was schließlich Zahnverlust bedeutet. Auch bereitet das Fressen dem Hund Schwierigkeiten und Schmerzen, was sich auch in seinem Verhalten wiederspiegeln kann.

Zusätzlich sollte man dem Hund Büffelhautknochen (besser als echte Knochen, hier ist die Verletzungsgefahr einfach zu groß) zum Kauen geben. Auch läßt bereits

Fütterungsempfehlung suchen sollten, sondern sich am Normalgewicht des Dackels, also zum Beispiel 8,5 kg orientieren müssen, sonst bekommen Sie Ihren Hund nie schlank.

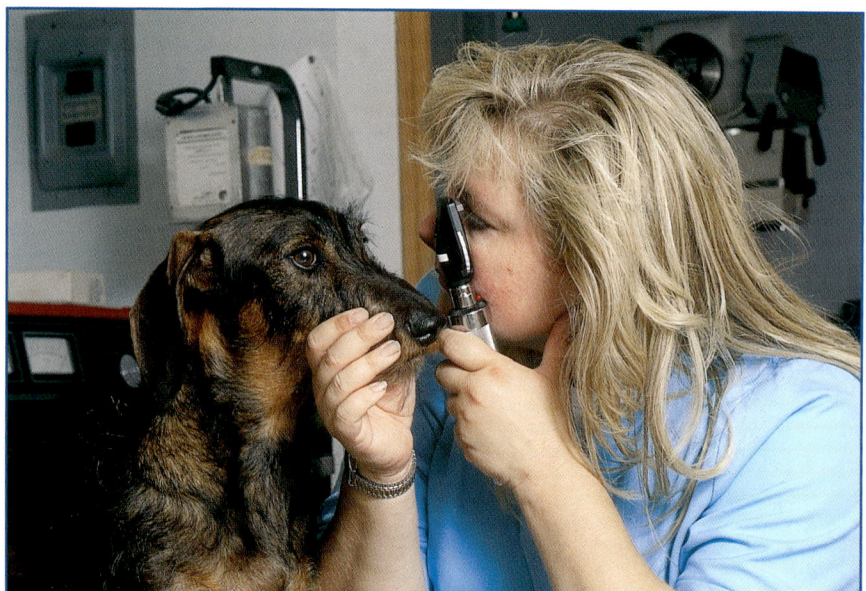

Dr. Henry untersucht die Netzhaut von Edberg Weinermeister auf eine Atrophie.

der Welpe vom Möbelbeißen ab, wenn er von Anfang an Kauknochen bekommt. Je fester der Büffelhautknochen, desto länger ist der Hund beschäftigt.

Mandelentzündung

Auch bei den Dackeln kann es zur Mandelentzündung und deren Vereiterung kommen, was meist bakteriell bedingt ist. Jedoch läßt sich feststellen, daß eine Grippe oder Erkältung beim Menschen auch sehr leicht durch Ansteckung bei engem Kontakt in dieser Zeit (verfüttern von angebissenen Essensresten) vom Menschen auf seinen Dackel übertragen wird. Auch Liebkosungen mit dem Gesicht oder Anniesen und Anhusten kann den Dackel schnell zum Leidensgefährten werden lassen.

Sollte Ihr Hund gerne viel im Schnee oder im kalten Wasser herumtoben, müssen Sie darauf achten, daß er danach, wenn er nicht mehr in Bewegung ist, keinen Zug bekommt und sich so nicht erkältet. Kräftiges trockenreiben mit einem Handtuch wäre das Beste, falls möglich, fönen Sie Ihren Dackel trocken, indem Sie den Fön auf kleinste Stufe schalten. Sollte Ihr Hund doch einmal eine Erkältung bekommen, niesen, husten, schlecht fressen (könnte Hinweis auf eine Mandelentzündung sein), bringen Sie ihn bitte zum Tierarzt , damit er eine geeignete Medizin bekommt, und damit daraus keine Lungenentzündung oder chronische Mandelentzündung wird (in diesem Fall werden die Mandeln operativ entfernt). Meist wird Penicillin oder ein anderes Antibiotikum gegeben.

Atrioventrikulare Verstopfung

Schwarzhaar-Follikeldysplasie

Hautfaltendermatitis

Brachygnathismus (Langhaardackel)

Wachshautartige Lipofuscinose

Hasenscharte/Wolfsrachen Farb-
mutations-Alopezie (blaue Dackel)

Kombinierter Immunschwäche

Endotheliale Dystrophie der Horn-
haut

Epitheliale Dystrophie der Horn-
haut

Hautasthenie

Taubheit (gefleckte Dackel)

Dermoidzyste

Seborrhoe der Ohrränder

Nach außen verwachsene Augen-
wimpern

Entropion (Einwärtsdrehung des
Augenlids)

Östrogen-positive Hautkrankheiten

Glaukome (Grüner Star)

Heterochromia iridis

Juvenile Zellulitis

„Trockenes Auge"

Leukozytoklastische Vasculitis

Überbiß

Mucopolysaccharidose

Multiple Augenfehler
(Farbvariante Merle)

Nodulare Panniculitis

Sehnerv-Hypoplasie

Chronische Hornhautentzündung

Flecken-Alopezie

Pemphigus foliaceus

Nickhautvorfall

Ohrmuschelalopezie

Polydontie

Portosystemische Aderweiche
(genetisch bedingte Verbindung
zwischen Portalvene und Vena
cava, wodurch nur ein Teil des Blutes in der Leber detoxifiziert wird)

Periodische epitheliale Erosion

Seborrhoe

Sinnesneuropathie

Schuppiges Zellkarzinom

Sterile Eitergranulome

Andere häufiger auftretende Erkrankungen beim Dackel

Wie schützen Sie Ihren Dackel vor Parasiten und Mikroben

Ein wichtiger Punkt in der Gesunderhaltung eines Dackels ist die Vermeidung von Gesundheitsproblemen durch Parasiten und pathogene Mikroben. Obwohl viele verschiedene Medikamente zur Bekämpfung solchermaßen ausgelöster Erkrankungen verfügbar sind, ist Vorbeugung stets die bessere Lösung. Die wirksamsten Vorsorgemaßnahmen zu kennen, bedeutet ein reduziertes Risiko, keinen quälenden Juckreiz und niedrigere Kosten.

Flöhe

Hier handelt es sich nicht nur um den unangenehmsten Außenparasiten für Hunde, sondern auch um eine Plage für den Halter – allerdings nicht für jeden, denn Flöhe sind kein Muß.

In regenreichen Jahren kann es jedoch zu regelrechten Flohepidemien kommen, die nicht nur dem Hunden furchtbar zu schaffen machen – diese Plagegeister beschränken sich in einer solchen Situation nicht nur auf den Hundekörper und seinen Schlafplatz, sondern verbreiten sich in kurzer Zeit über das gesamte Haus, nisten sich in Teppichen, Polstermöbeln und Betten ein und machen in ihrer Blutgier vor nichts und niemandem halt.

Die althergebrachte Weisheit, daß nur ungepflegte Hunde von Flöhen befallen werden, trifft keinesfalls zu. Der Floh fühlt sich in jeder Situation wohl, so lange er nur seinen Hunger nach Blut stillen kann. Erste Hinweise auf einen Flohbefall sind zunächst ein auffälliger Juckreiz und dementsprechend häufiges Kratzen. Auf der Haut sind dann bis zu linsengroße, geschwollene und gerötete Flohbisse erkennbar.

Die von den Flöhen bevorzugten Stellen befinden sich vor allem in der Kopf-Halsregion, an der Kruppe sowie auch an den Innenflächen der Hinterbeine, in den „Achselhöhlen" und den Ohrinnenseiten.

Durch das ständige Kratzen kommt es zu Entzündungen der Bißstellen, die so den geeigneten Nährboden für Sekundärinfektionen bieten. Durch das Kratzen wird der Kot des Flohs in die Wunde gerieben, oder er wird sogar gefressen, wenn das Kratzen mit den Zähnen erfolgt. So kommt es dann zur Infektion mit dem Hundebandwurm.

Die meisten Hunde reagieren auf einen Flohbiß allergisch. Das heißt, genaugenommen ist nicht der Biß, sondern der Speichel des Flohs der Auslöser einer allergischen Reaktion, die oftmals zu so schweren Infektionen der Bißwunde führen kann, daß eine ärztliche Behandlung erforderlich wird. Aus diesem Grunde ist es ratsam, vom zeitigen Frühjahr bis in den Herbst hinein zu entsprechenden Vorsorgemaßnahmen zu greifen. Es sind zahlreiche effektive Produkte erhältlich, die vom Anti-Floh- und Zeckenshampoo bis hin zu speziellen Flohpudern, – sprays oder -bädern reichen. Regelmäßig angewendet, schützen sie den Hund vor Flohattacken und ersparen ihm

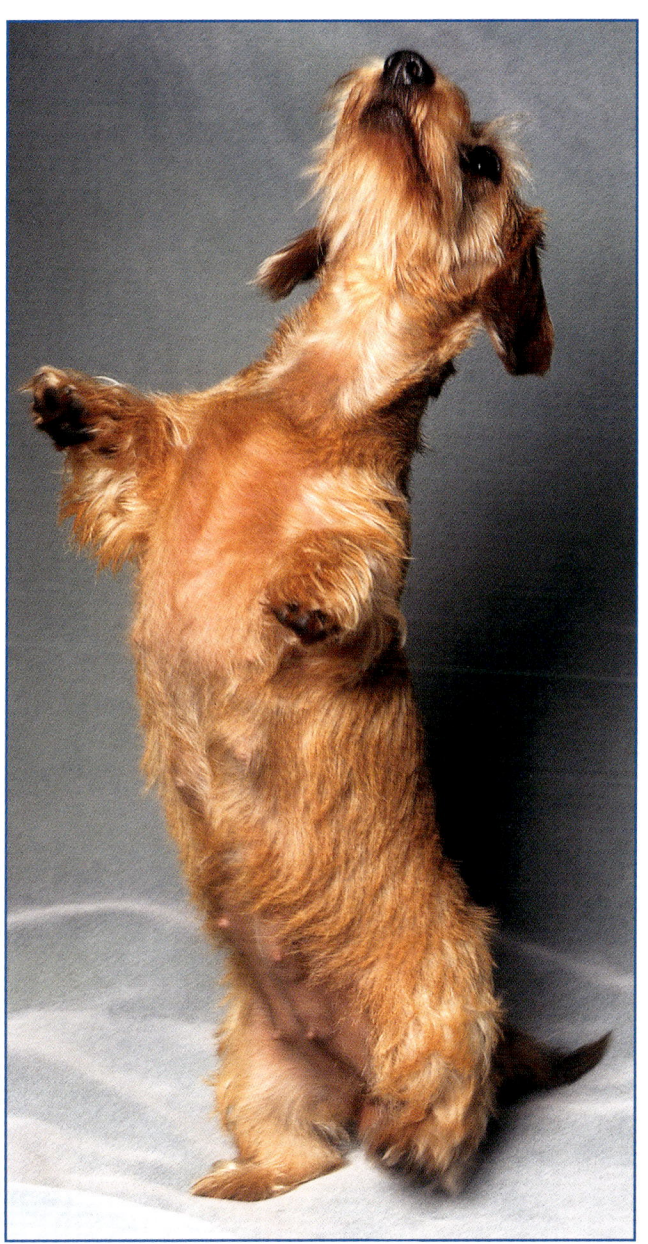

so diese äußerst unangenehme Erfahrung.

Ein Flohkamm ist nicht die schlechteste Lösung. Sie bürsten bevorzugt die Rute ,-den Kragen, die „Achselhöhlen", den Rücken sowie die Hals- und Brustregion aus. Die so mit den losen Haaren herausgebürsteten Flöhe werden am besten in Alkohol getaucht, wo sie schnell sterben und nicht mehr entweichen können. Nicht besonders effektiv sind hingegen die bekannten „Anti-Floh-Halsbänder" die bei langhaarigen Hunden kaum einen Erfolg erzielen und bei kurzhaarigen lediglich den Bereich um den Kopf herum schützen. Außerdem werden durch ein solches Halsband lediglich die Flöhe, jedoch nicht deren Eier getötet. Tierärzte bieten allerdings, wenngleich etwas teurere, dafür aber bedeutend wirkungsvollere Flohhalsbänder an.

Auf dem Bauch und in der Leistengegend eines Hundes sind Flöhe einfach zu entdecken. Kleine schwarze Flecken, die wie Fliegendreck wirken, lassen sich leicht auf der rosafarbenen Haut erkennen.

Sehr gut wirksam sind die Shampoos, was allerdings voraussetzt, daß das Tier auch regelmäßig gebadet wird. Ebenfalls zu empfehlen sind verschreibungspflichtige Mittel, die auf die Haut geträufelt werden und bis zu vier Wochen wirksam sind, vorausgesetzt, der Hund wird nicht zwischendurch gebadet oder durch Regen bis auf die Haut durchnäßt. Allerdings muß hier unbedingt verhindert werden, daß die stark giftige Flüssigkeit vom Hund abgeleckt wird. Bewährt haben sich auch Mittel in Puderform, die im Bedarfsfall bis zu

Stunden nicht gebürstet werden sollte, damit sich der Wirkstoff auf der Haut ablagern kann. Hierbei wird nicht nur jeder erwachsene Floh umgehend getötet, sondern auch jedes schlüpfende Ei.

Seit 1994 gibt es in Europa auch eine Vorsorgemaßnahme in Form von Tabletten, die beim Tierarzt erhältlich sind und mit dem Futter verabreicht werden. Der Wirkstoff darin macht die Flohweibchen steril, tötet allerdings nicht den Floh selbst. Dieses Mittel, welches wie bereits beschrieben, einmal monatlich eingenommen werden

Mit ihren kräftigen Beißwerkzeugen, verbeißen sich Zecken so fest in der Haut eines Hundes, daß es mancher Tricks bedarf, um sie komplett zu entfernen.

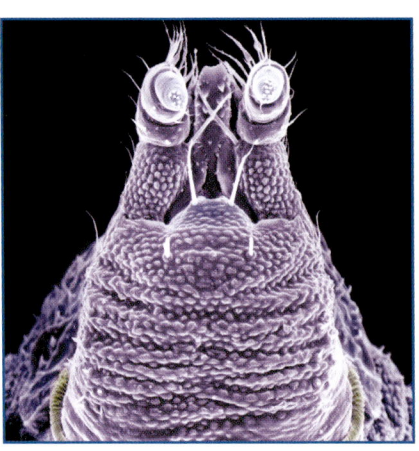 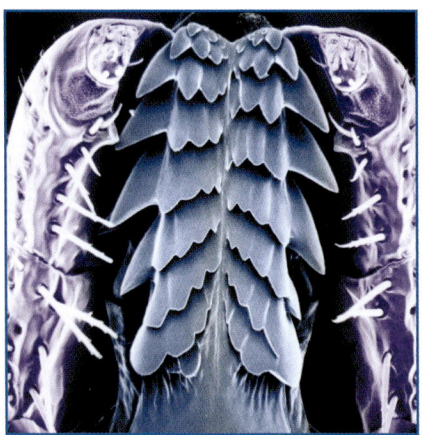

alle ein bis zwei Wochen in das Fell eingerieben werden und so auf die Haut gelangen. Auch wenn das Fell dadurch im ersten Moment etwas „staubig" und stumpf erscheint, gibt sich dieser Zustand innerhalb von einer halben bis einer Stunde, wenn sich der Hund einige Male gründlich geschüttelt hat. Der Puder bleibt so lange wirksam, bis der Hund im Regen naß oder gebadet wird. Wichtig ist, daß das Tier nach Auftragen des Puders für mindestens zwölf

muß, ist kein Behandlungsmittel, sondern trägt lediglich auf lange Sicht zur allgemeinen Dezimierung von Flohpopulationen bei.

In jedem Fall muß beachtet werden, daß es sich hier oftmals um giftige Substanzen handelt, mit denen Kinder keinesfalls in Berührung kommen dürfen. In Familien mit Kleinkindern sollte deshalb auch unbedingt auf Flohhalsbänder verzichtet werden. Andererseits können beim Tierarzt

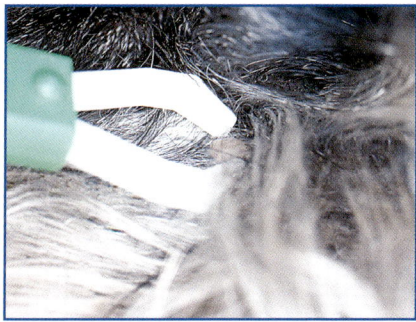

chen Fällen der Tierarzt zu Rate gezogen werden sollte. Falls sich im selben Haushalt mit dem Hund auch andere Hunde oder Katzen befinden, müssen diese mitbehandelt werden. Besonders in der Nachbarschaft umherstreunende Katzen sind oftmals die Überträger von Flöhen.

Der Lebenszyklus eines Flohs besteht aus vier Stadien – Ei, Larve, Puppe und erwachsener Floh. Die Floheier befinden sich nur selten auf dem Körper des Hundes. Wenn der erwachsene Floh seine Eier ablegt, fallen diese gewöhnlich aus dem Hundefell heraus und bleiben dort liegen, wo sie eben hinfallen. An diesem Platz – oftmals ist es die Hundedecke oder eine andere Stelle, wo sich der Hund häufig aufhält und ausgiebig kratzt – entwickeln sich über vier Larvenstadien aus den Eiern die fertigen Flöhe. Unter günstigen Bedingungen dauert diese Entwicklungsphase 21 bis 28 Tage. Es ist also ausgesprochen wichtig, daß nicht nur der Hund und andere Haustiere, sondern auch die Hundedecke, die Schlafplätze und alle Stellen im Haus mitbehandelt werden, an denen sich die betreffenden Tiere häufig aufhalten. Nur so kann ein kurze Zeit später erfolgender Neubefall verhindert werden.

Zecken

Diese rötlich braunen bis graublauen und schwarzen, ebenfalls blutsaugenden Quälgeister, gehören zu den Milben. Sie sitzen an halbhohen Sträuchern und Gräsern und krabbeln von dort an den vorbeistreichenden Hund. Dort beißen sie sich mit ihren kräftigen Mundwerkzeugen in die Haut und bohren ihren kompletten Kopf in das Fleisch. In dieser Haltung saugen sie sich mit Blut voll, gewinnen dabei zusehends an Umfang und lassen sich dann einfach

Entdecken Sie an Ihrem Hund eine Zecke, so ist es wichtig, daß Sie diese so schnell wie möglich entfernen. Am besten greifen Sie die Zecke mit einer speziellen Pinzette direkt hinter dem Kopf und ziehen sie heraus.
Hier schön zu sehen, daß die Zecke im Ganzen sauber entfernt werden konnte.

auch neue antiparasitäre Mittel erworben werden, die für den Menschen völlig ungefährlich sind.

Es muß an dieser Stelle auch darauf hingewiesen werden, daß nicht alle Produkte für die Anwendung bei Welpen oder Junghunden geeignet sind und deshalb in sol-

Ein Zeckenproblem betrifft nicht nur den Hund, sondern schließt die Wohnung und andere Haustiere ein.

wieder vom Hund herunterfallen. Mit „leerem Magen" sehen sie noch winzig aus, haben sie sich jedoch richtig mit Blut vollgesogen, sind sie bis etwa kirschkerngroß und leicht beim Abtasten des Hundekörpers zu spüren – sie fassen sich wie eine weiche Warze an.

Diese Art von Blutsaugern ist genau wie der Floh weltweit verbreitet und überträgt je nach Art in verschiedenen Gebieten unterschiedliche Krankheiten. Dazu gehören beispielsweise FSME, Lyme-Borreliose und Babesiose.

Zecken hinterlassen nicht nur häßliche, rötliche und leicht geschwollene Bißwunden, sondern lösen ebenfalls bei vielen Hunden eine allergische Reaktion auf ihren Speichel aus und sind darüberhinaus, wie bereits erwähnt, Überträger von teilweise wirklich gefährlichen, potentiell tödlichen Infektionskrankheiten.

Aus diesen Gründen sollten Zecken umgehend entfernt werden, indem Sie sie mit einer Pinzette dicht hinter dem Kopf greifen und im umgekehrten Uhrzeigersinn

mit einer leichten Ziehbewegung herausdrehen. Sie sollten keinesfalls versuchen, sie einfach aus der Haut herauszureißen, denn dabei kann der Kopf des Parasiten abreißen, in der Wunde verbleiben und dort für schwere Sekundärinfektionen sorgen. Die bevorzugten Körperstellen der Zecken sind die Zehenzwischenräume, Hals- und Achselgegend und die Ohrinnenseiten, jedoch sind sie auch an so ziemlich allen anderen Körperteilen zu entdecken. Behandeln Sie den Zeckenbiß sofort mit Jod und bringen Sie Ihren Hund schnellstens zum Tierarzt.

Auch für den Menschen besteht ein großes Infektionsrisiko!

Viele der gegen Flöhe wirksamen Mittel beinhalten eine Wirkstoffkombination, die auch Zecken tötet. Diese Mittel machen die Haut des Hundes darüberhinaus für den Geschmack der Zecke „ungenießbar", weshalb sie sich wieder fallen läßt und auf einen anderen Wirt wartet. Beißt sie trotzdem zu, kommt sie sofort mit der giftigen Substanz in direkten Kontakt und stirbt noch bevor sie zu saugen beginnen kann. Außerdem gibt es beim Tierarzt noch ein sehr wirksames Mittel, das dem Hund auf den Rücken gerieben wird und für die Dauer von etwa einem Monat Schutz bietet. Die Behandlung muß dann natürlich in monatlichen Abständen wiederholt werden.

In jedem Fall sollte der Hund nach jedem Spaziergang im Park oder Wald sowie nach dem Herumtollen im Garten gründlich auf Zecken untersucht werden. Da Zecken auch gerne das Blut von Menschen trinken und auch hier

so gefährliche Krankheiten wie die Gehirnhautentzündung übertragen, ist doppelte Vorsicht geboten.

Räude

Als Räude wird jede Art von Hautproblemen bezeichnet, die durch Milben hervorgerufen werden. Dabei handelt es sich meistens um Ohrmilben, Sarkoptes-Milben oder Cheyletiella-Milben. Demodikotische Räude wird mit einem Befall durch Demodex-Milben assoziiert. Sie gilt allerdings als nicht übertragbar.

Der häufigste Erreger für Räude bei Hunden ist die Ohrmilbe, die wiederum extrem schnell übertragbar ist. Deshalb sollte schon beim Kauf des Welpen darauf geachtet werden, daß die Elterntiere wie alle anderen Hunde des Züchters frei von dieser Milbenplage sind. Als Überträger kommen jedoch auch andere Haustiere infrage, mit denen der Hund Kontakt hat, speziell dann, wenn er mit diesen auf engem Raum zusammenlebt.

Die Parasiten nisten sich bei Hunden bevorzugt in den Ohren ein. Sehen Sie in die Ohren und riechen Sie daran. Räude verursacht bestialischen Gestank. Ohrmilben verursachen schwerste Ohrentzündungen bis hin zum Gehöhrverlust und muß schnellstens von einem Tierarzt behandelt werden. Der ständig starke Juckreiz irritiert den Hund und führt zu übermäßigem Kratzen, was wiederum in Verletzungen der Haut resultiert, die in Infektionen ausarten können.

Eine Vollkörperbehandlung ist in den meisten Fällen erfolgreich, wohingegen es bei einer ausschließlichen Behandlung der Ohrkanäle meistens zu Rückschlägen kommt. Der Grund dafür ist die Tatsache, daß sich die Milben eben nicht nur in den Ohren aufhalten, wie dem Namen nach vermutet werden könnte, sondern diese

Ein stets kurzer Rasen ist ein guter Schutz gegen Zecken. Welpen profitieren in jedem Fall von einem gut gepflegten Spielplatz.

Diese Zwergteckel sind dank regelmäßiger Impfungen und Schutzmitteln vor Infektionen und Parasitosen sicher.

bei Störungen verlassen und sich in anderen Körperregionen verbergen, bis die Rückkehr in die Ohren gefahrlos erscheint. Scabie und Cheyletiella-Milben werden von einem Hund auf den anderen übertragen. Hierbei handelt es sich um sogenannte „soziale" Erkrankungen, die durch die Vermeidung von Kontakten mit infizierten Hunden vermieden werden können. Scabie-Milben haben die zweifelhafte Ehre, die Hundekrankheit mit dem stärksten Juckreiz überhaupt zu sein. Wieder andere Milben leben in Waldgebieten und befallen die Hunde, wenn sie dort im Dickicht herumtollen. Alle Milbenarten können identifiziert und effektiv bekämpft werden.

Herzwurm-Parasitose

Diese Parasitose ist in Deutschland eigentlich nicht heimisch, denn der Überträger des Parasiten (der Wurm *Dirofilaria immitis*) ist eine bestimmte Mückenart, die in Deutschland nicht vorkommt. Dennoch besteht die Möglichkeit zu einer Infektion

mit Herzwurm-Parasitose, wenn Sie Ihren Hund mit in den Urlaub nehmen und das Urlaubsziel in einem Land liegt, wo der Krankheitsüberträger vorkommt – dazu gehören die USA, Afrika und der Mittelmeerraum. Die Krankheit kann nicht durch den Kontakt mit infizierten Hunden übertragen werden, sondern nur durch den Stich dieser speziellen Mücke. Der Erreger lebt im Herzgewebe sowie den angrenzenden Blutgefäßen der Lunge des kranken Hundes, wo er Mikrofilarien produziert, die sich

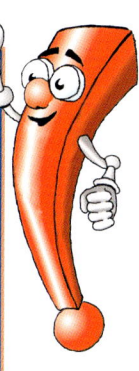

... und denken Sie dran

Lassen Sie sich niemals dazu verleiten, bei auftretenden
Anzeichen einer Erkrankung Ihres
Hundes den "Heimtierdoktor" zu spielen und anhand von Angaben in
Büchern wie diesem Ihre eigenen Dia-
gnosen zu stellen. Die Symptome der
unterschiedlichsten Krankheiten sind
oftmals ähnlich und können sowohl
auf die eine als auch auf eine andere
hinweisen. Überlassen Sie also die
Untersuchung, Diagnose und Behandlung Ihrem Tierarzt.

genannten Länder, beim Tierarzt dagegen impfen lassen. Die Krankheit läßt sich einfach diagnostizieren. Falls Ihr Hund also nach dem Urlaub unter Appetitmangel, einem trockenen, krampfartigen Husten und Apathie leidet und Sie eines der betreffenden Länder mit ihm bereist haben, sollten Sie ihn vorsorglich auf eine Herzwurm-Parasitose untersuchen lassen. Das Gleiche trifft natürlich auch auf vierbeinige „Reisemitbringsel" zu.

Darmparasiten

Die am häufigsten bei Hunden auftretenden Darmparasiten sind Hakenwürmer, Rundwürmer, Bandwürmer und Peitschenwürmer. Rundwürmer brechen dabei jeden Rekord – es wird vermutet, daß bis zu 13 Trillionen Rundwurmeier pro Tag im Hundekot ausgeschieden werden. Untersuchungen haben ergeben, daß 75% aller Welpen Träger von Rundwürmern sind. Die Ausscheidung dieser Parasiten und die damit

im Blutkreislauf aufhalten. Beim Blutsaugen nimmt die Mücke die Filarien aus dem Blutkreislauf auf und gibt sie auf gleichem Wege an andere Hunde weiter.

Allerdings gibt es auch noch eine andere Möglichkeit der Übertragung, nämlich die durch vom Muttertier auf ihre Welpen.

Es handelt sich hierbei um eine lebensgefährliche Parasitose, deren Behandlung langwierig und teuer ist. Sie kann jedoch einfach dadurch verhindert werden, indem Sie Ihren Hund vor Reiseantritt in die

Um Ihren Hund vor Würmern im Darm zu schützen, sollten Sie regelmäßig, nach Empfehlung Ihres Tierarztes eine Wurmkur mit ihm machen. Foto: Robert Smith

Der Dobermann Mugsy bewacht seinen drei Monate alten Dackelfreund Oscar. Hunde können parasitäre Würmer übertragen, was bei was durch die regelmäßig durchgeführten Wurmkuren dieser gesunden Exemplaren hier, nicht der Fall sein sollte. Besitzer: Judy Nunes

verbundene Verbreitung der Parasitose beginnt bereits ab einem Alter von drei Wochen. Die Übertragung auf den Menschen findet dabei ausschließlich über den Kontakt mit dem Hundekot und nicht, wie oftmals behauptet wird, durch den alleinigen Umgang mit dem Welpen oder dem Hund statt.

Bei Rundwürmern handelt es sich um nudelförmige Hohlwürmer, die bei ihrem Wirt ein dickbäuchiges Erscheinungsbild und neben vielen anderen ernsten Symptomen auch ein stumpfes Fell verursachen können. Weitere Symptome sind Erbrechen, Durchfall und Husten. Welpen werden häufig bereits im Mutterleib durch das Blut der Mutter oder später beim Säugen durch die Milch infiziert, was verhindert werden kann, wenn die Hündin bereits vor dem geplanten Deckakt vorsorglich entwurmt wird.

Hakenwürmer können ebenfalls auf den Menschen übertragen werden. Diese mikroskopisch kleinen, 8-18 mm langen Fadenwürmer können zu einer Anämie führen und somit ernsthafte Probleme bis hin zum Tod eines Welpen zu Folge haben. Hakenwürmer nisten sich beim Menschen wie beim Hund im Dünndarm ein und ernähren sich dort von den Darmzotten. So entstehen viele kleine Wunden in der Dünndarmwand, die stark bluten. Wie bereits erwähnt, können Welpen bereits mit einem Wurmbefall geboren werden, weshalb eine möglichst frühe erste Wurmkur ausgesprochen wichtig ist. Bandwürmer benötigen für ihre Entwicklung stets einen Zwischenwirt. Neben

Oben: Hunde, die sich oft dort aufhalten, wo auch andere Hunde sind, unterliegen einem höheren Risiko für Wurmparasitosen. Andererseits haben sie auch mehr Spaß.

Jedem Dachshund sein geeignetes Kauspielzeug. Das ist ein besserer Zeitvertreib, als auf gefährlichen Dingen oder an Möbeln herumzukauen.

anderen Bandwurmarten gibt es den Hundebandwurm (Dipylidium caninum), der als Zwischenwirt den Floh benutzt. Der Floh nimmt die Wurmeier auf, aus denen sich sogenannte Finnen entwickeln. Der Floh überträgt diese Finnen auf den Hund, in dessen Darm diese dann zu fertigen Bandwürmern heranwachsen. Mit dem Kot werden nach gewisser Zeit einzelne reiskornförmige Bandwurmglieder ausgeschieden. Sie können oftmals auch um die Afteröffnung herum im Fell hängend entdeckt und so identifiziert werden.

Der Bandwurm erscheint als ein langer, flacher, einem Gummiband ähnlicher Wurm, der oftmals eine erstaunliche Länge erreichen kann und aus etwa reiskorngroßen Segmenten besteht. Er lebt im Dünndarm seines Wirtes.

Eine weitere Bandwurmart, die ebenfalls vom Hund auf den Menschen übertragen werden kann, ist *Echinococcus multilocularis* – er kann beim Menschen zu einer lebensgefährlichen Erkrankung führen. Eine Bandwurminfektion kann heute problemlos mit speziellen Medikamenten behandelt werden. Zur Bekämpfung des Hundebandwurms gehört auch die gleichzeitige Flohbekämpfung mit speziell für diesen Zweck gedachten Pudern oder Flüssigkeiten, mit denen nicht nur der Hund, sondern auch seine Decke, sein Schlafplatz und wenn nötig sogar die Teppiche und Polstermöbel im Haus behandelt werden müssen.

Der Peitschenwurm ist ein bis zu fünf Zentimeter langer, zu den Fadenwürmern gehörenden Schmarotzer, der sich mit seinem namengebenden, peitschenförmigen Vorderteil in die Schleimhäute von Blind- und Dickdarm gräbt. Neben der Ansteckungsgefahr durch den Kontakt mit dem Kot eines infizierten Hundes können diese Würmer auch durch den Verzehr von rohem Schweinefleisch in den Körper gelangen. Auch hier ist eine Übertragung auf den Menschen möglich.

Diese Würmer haben einen dreimonatigen Lebenszyklus und können nicht vom Muttertier auf die Welpen übertragen werden. Sie verursachen unregelmäßige Durchfallerscheinungen, die gewöhnlich von Schleimabsonderungen begleitet sind. Peitschenwürmer sind die wahrscheinlich am schwersten zu bekämpfenden Darmparasiten, denn ihre Eier sind außergewöhnlich widerstandsfähig und können unter bestimmten Umständen Jahre im Körper überdauern, bis sie sich unter günstigen Bedingungen zu fertigen Würmern weiterentwickeln. Sie sind nur selten im Kot nachzuweisen.

Neben diesen gibt es natürlich noch andere Darmparasiten, die einen Hund befallen können. Der sicherste Weg zur Vorbeugung sind regelmäßige Kotuntersuchungen durch den Tierarzt, der im Ernstfall auch die effektivste Behandlung kennt.

Kokzidiose und Giardiase

Beides sind Infektionskrankheiten, die gewöhnlich Welpen befallen und von Einzellern (Protozoen) hervorgerufen werden. Die Infektionsgefahr ist in solchen Situationen am höchsten, in denen viele Welpen auf relativ engem Raum vergesellschaftet sind. Oftmals sind auch bereits ältere Hunde Träger der Infektion, zeigen jedoch meistens keinerlei Symptome, bis sie unter Streß geraten oder unter anderen Gesundheitsproblemen leiden. Anzeichen für eine dieser Infektionen äußern sich als Durchfall, Gewichtsverlust und in mangelndem Appetit. Die für diese Erkrankungen verantwortlichen Einzeller sind nicht immer im Kot nachweisbar.

Bei regelmäßigen Schutzimpfungen ist das Risiko einer Virusinfektion für Ihren Hund äußerst gering.
Foto: R.Klaar

Virusinfektionen

Hunde können von verschiedenen Viruserkrankungen wie Hepatitis, Parvovirose, Tollwut und Staupe befallen werden, wenn sie in Kontakt mit anderen Tieren kommen, die Träger dieser Parasitosen sind. Um dem entgegenzuwirken, sollten Sie sich strikt an zwei wichtige Vorsorgemaßnahmen halten – kontrollierter Kontakt zu anderen Tieren und regelmäßige Schutzimpfungen.

Heutzutage sind die verfügbaren Schutzimpfungen so effektiv, daß regelmäßig geimpfte Hunde nur noch einem ganz minimalen Risiko ausgesetzt sind. Trotzdem sollten Sie stets aufmerksam beobachten, mit welchen anderen Tieren der Hund häufigen oder engen Kontakt hat. Das Zusammensein mit ebenfalls geimpften anderen Hunden ist dabei völlig ungefährlich, wohingegen der Kontakt mit streunenden Hunden und Katzen sowie Wildtieren wie Kaninchen und ähnlichen ein nicht zu unterschätzendes Risiko darstellt. Außerdem sollten Sie unbedingt darauf achten, daß der Ferienzwinger für den Hund ausschließlich solche mit Impfschutz aufnimmt und der Tierarzt eine Quarantänestation für Hunde mit Infektionskrankheiten hat, so daß diese sicher von allen anderen Patienten getrennt werden können. Wenn Sie sich streng an diese Richtlinien halten, sollten Probleme mit Infektionskrankheiten dieser Art gar nicht erst auftreten.

Zwingerhusten

Hierbei handelt es sich um eine infektiöse Entzündung der Luftröhre und der Bronchien (Tracheobronchitis), die hochgradig ansteckend ist und deshalb umgehend behandelt werden muß. Diese Erkrankung tritt vor allem in Tierheimen und im Tierhandel sowie überall dort auf, wo Hunde unter unkontrollierten Bedingungen auf engem Raum zusammenkommen.

Bei dieser Krankheit lösen Viren und Bakterien gemeinsam eine Entzündung der Luftröhre und der Bronchien aus. Ein Anzeichen hierfür ist ein kurzer, trockener Husten, manchmal auch Niesen, mit leichtem Nasenausfluß, was wenige Tage bis mehrere Wochen anhalten kann. Der Krankheitsverlauf kann durch das Auftreten von Sekundärinfektionen verschlimmert werden. Im Normalfall verläuft diese Erkrankung nicht tödlich; sie kann jedoch in eine schwere Bronchitis oder Lungenentzündung übergehen. Leider sprechen viele derart erkrankte Hunde nicht sonderlich gut auf die verabreichten Medikamente an, aber andererseits kann der Zwingerhusten nach vielen Wochen auch spontan ausheilen.

Die effektivste Vorsorgemaßnahme ist in jedem Fall eine Schutzimpfung, ganz egal wie umstritten diese auch sein mag. Hier empfiehlt sich sogar eine Impfstoffkombination, denn bei dieser Krankheit kann mehr als nur ein Virus beteiligt sein. Beispielsweise ist das Parainfluenza-Virus meistens in dieser Impfung enthalten, denn es ist eines der Viren, das häufiger der Auslöser des Zwingerhustens ist.

Das Bakterium *Bordetella bronchiseptica* spielt beim Auftreten von Zwingerhusten häufig eine Rolle. Neuerdings ist vielerorts eine Schutzimpfung erhältlich, die bei Hunden in stark gefährdeten Gebieten zweimal jährlich wiederholt werden sollte. Hierbei wird der Impfstoff nicht wie gewohnt injiziert, sondern in die Nasenlöcher gesprüht, um die Infektion bereits zu stoppen, bevor sie tiefer in den Atmungstrakt eindringen kann.

Staupe

Staupe ist eine Virusinfektion. Die ersten Symptome sind ein sehr leichtes, nur eine kurze Zeit anhaltendes Fieber, dem nach etwa acht Tagen eine schwere Lungenentzündung folgt. Diese wird von eitrigem Augen- und Nasenausfluß sowie Durchfall begleitet. In einigen seltenen Fällen ist auch eine Verhärtung der Pfotenballen festzustellen. Die Symptome klingen dann zunächst wieder ab, kehren jedoch in verstärktem Maße und zuzüglich nervöser Erscheinungen bis hin zu schweren Krämpfen zurück und setzen dem Leben des Tieres in diesem Stadium meistens ein schnelles Ende.

Hunde, die diese Krankheit überleben, leiden sehr häufig anschließend an nervösen Zuckungen der Kopfmuskeln, was als der „Staupetick" bezeichnet wird. Nach überstandenen Erkrankungen im Jungtieralter tritt in vielen Fällen das „Staupegebiß" auf, worunter erhebliche Zahnschmelzdefekte zu verstehen sind.

Staupe wird durch Wildtiere sowie durch infizierte Hunde übertragen.

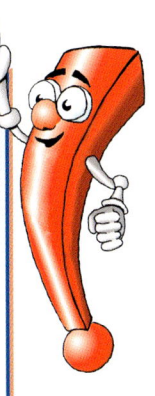

…und denken Sie dran

Wenn Ihr Hund trotz entsprechender Erziehungsmaßnahmen alles frißt, was er draußen findet (kleine Steinchen, Sand, verschiedene Pflanzen, den Kot von Katzen oder anderen Hunden), muß dem nicht zwingendermaßen eine Unart oder Ungehorsamkeit zugrundeliegen. Es könnte sich auch um eine Mangelerscheinung in der Ernährung des Hundes handeln. Sprechen Sie bei einem solchen Verhalten deshalb mit Ihrem Tierarzt.

Hepatitis (Gelbsucht)

Diese Erkrankung verläuft ähnlich der vorher beschriebenen, beginnt jedoch mit hohem Fieber und wird von Apathie und Appetitlosigkeit begleitet. Allerdings treten hierbei weder Lungenentzündung noch Durchfall auf. Bleibende Hornhautschäden der Augen bis hin zur völligen Erblindung können die Folge von Hepatitis sein. Auch hier handelt es sich um eine Virusinfektion. Sie wird von anderen infizierten Tieren übertragen und befällt die Leber.

Toxoplasmose

Hierbei handelt es sich um ein Krankheitsbild, das durch einen Einzeller (Toxoplasma gondii) hervorgerufen wird. Der Stammwirt dieses Einzellers ist die Katze. Er bildet übertragbare Dauerformen, je-

doch erkranken Hunde am häufigsten durch den Verzehr von infiziertem Schweinefleisch. Sie können die Krankheit allerdings nicht, wie früher oftmals behauptet wurde, auf den Menschen übertragen. Dennoch kann sich auch der Mensch durch den engen Kontakt mit Katzen oder den Verzehr von verseuchtem Fleisch mit dieser Krankheit infizieren.

Eine Toxoplasmose kann ohne jegliche Symptome verlaufen (latente Toxoplasmose) und nur für trächtige Tiere oder schwangere Frauen gefährlich sein. Sie kann jedoch auch akut oder chronisch auftreten. Die Erkrankung kann vom Muttertier auf die Welpen übertragen werden und gilt dann als angeborene Toxoplasmose, die sich oft in Mißbildungen äußert (toxoplasmotische Fetopathie), aber auch zu Fehl-, Früh- oder Totgeburten führen kann.

Gefahrenquellen, und was zu tun ist wenn ...

Mit der Zeit wird ein Hunde-halter durch ständiges Beob-achten mit dem natürlichen Verhalten seines Hundes im Haus vertraut. Gleichzeitig wird er dabei auch auf versteckte oder bislang unbeachtete Gefahrenquellen stoßen, die zu ungeahnten Gesundheitsproblemen führen können. Diese Gefahren zu besei-tigen und im Fall eines Unfalls schnell und richtig reagieren zu können, bewahrt den Hund oftmals vor schlimmen Folgen.

Jeder Hundehalter sollte in der Lage sein, bei seinem Hund die Körpertemperatur, den Puls, die Atmung und die Kapillarfül-lungszeit zu prüfen. Um eine Abweichung vom Normalen zu erkennen, sollten Sie natürlich wissen, was als Normalwert gilt, denn dieses Wissen kann für ein Hundele-ben die Rettung bedeuten.

Die Körpertemperatur

Die normale Körpertemperatur eines Hun-des liegt zwischen 37,5 und 39°C, wobei es bei verschiedenen Rassen leichte Abwei-chungen geben kann, die beim Tierarzt zu erfragen sind. Sie messen die Temperatur im After über einen Zeitraum von etwa einer Minute. Es empfiehlt sich, die einzu-führende Spitze des Thermometers zu die-sem Zweck mit etwas Vaseline oder Lebens-mittelöl gleitfähig zu machen. Am ein-fachsten läßt sich diese Prozedur durch-führen, wenn der Hund dabei steht und der Schwanz mit einer Hand hochgehalten wird. Das Thermometer muß während der Messung selbstverständlich ebenfalls fest-gehalten werden.

Eine leicht erhöhte Temperatur kann von freudiger Erregung, einer gerade beendeten körperlichen Anstren-gung oder einer geringfügigen Überhitzung herrühren. Eine deutlich erhöhte Temperatur ist gewöhnlich ein sicheres Zei-chen für eine sich anbahnende Krankheit oder einen vorliegenden Not-fall. Handelt es sich um eine deutliche Untertemperatur, liegt in jedem Fall ein ernstes Problem vor, das den sofortigen Besuch beim Tierarzt erfordert.

Kapillarfüllungszeit und Zahnfleischfarbe

Es ist wichtig zu wissen, wie das Zahn-fleisch eines gesunden Hundes aussieht, um anhand einer Veränderung sofort fest-stellen zu können, daß dem Tier offen-sichtlich etwas fehlt. Es gibt einige Rassen, wie beispielsweise den Chow Chow und ihm anverwandte Rassen, deren Zahn-fleisch und Zunge auf natürliche Weise schwarz oder blauschwarz gefärbt sind. Bis auf diese Ausnahmen ist das Zahn-fleisch eines gesunden Hundes jedoch kräf-tig rosafarben.

Blasses Zahnfleisch kann ein Hinweis auf einen Schockzustand oder eine Anämie sein und ist stets ein Alarmzeichen. Even-tuell vorhandene gelbliche Verfärbungen sind ebenfalls alarmierend und deuten ein-wandfrei auf eine Erkrankung hin.

Viele Hunde zeigen schwarze oder dun-kelbraune Flecken an Zahnfleisch oder Zunge, was allerdings als völlig normal anzusehen ist. Es ist ebenfalls wichtig zu wissen, wie die Kapillarfüllungszeit (Wie-derauffüllen der Blutgefäße) beim gesun-den Hund verläuft, um in einem Krank-heitsfall oder Schockzustand erkennen zu können, ob sie vom Normalen abweicht,

sen Sie die Fingerspitzen auf die Brust des Hundes, zählen die Schläge für die Dauer von 15 Sekunden und multiplizieren die ermittelte Zahl mit vier.

Für die normale Pulsfrequenz gelten die selben Werte und Rechenformeln wie für den Herzschlag. Die Messung wird an einer der Oberschenkelarterien vorgenommen, die sich auf den Innenseiten der Hinterbeine befinden. Ebenfalls von der Größe des Hundes und der Rasse abhängig sollte die Atmungsfrequenz zehn bis 30 Atemzüge pro Minute betragen. Sie wird nicht wie Herzschlag und Puls gemessen, sondern aufmerksam anhand des sich hebenden und senkenden Brustkorbs beobachtet.

Jede Abweichung von den Normalwerten dieser drei Meßwerte kann durch Erregung entstehen oder aber auch auf eine Erkrankung hinweisen und sollte deshalb unbedingt von einen Tierarzt eingehender untersucht werden.

Wenn Sie Ihren Dackel gut kennen, werden sie schnell merken, wenn etwas nicht stimmt und er sich nicht wie gewohnt verhält.

Erste Hilfe-Maßnahmen

In einer medizinischen Notfallsituation sollten unbedingt die folgenden Maßnahmen ergriffen werden.

1.) Die Telefonnummer, Adresse und Öffnungszeiten des Tierarztes sollten jederzeit griffbereit am Telefon liegen.

2.) Sie sollten stets über die Notdienstzeiten und die Telefonnummer informiert sein, unter der der Tierarzt außerhalb der normalen Sprechstundenzeiten zu erreichen ist. Bietet er selbst keinen Notdienst an, so sollte die Telefonnummer einer entsprechenden Praxis oder Tierklinik zur Hand sein.

3.) Müssen Sie auf eine solche Zweitadresse zurückgreifen, sollten Sie auch genau wissen, wie Sie dort hingelangen.

4.) In einem echten Notfall ist Zeit ein

also verlangsamt ist. Zu diesem Zweck pressen Sie den Daumen kurz aber kräftig gegen das Zahnfleisch. An dieser Stelle weicht das Blut aus dem Gewebe, und der Daumen hinterläßt einen weißlichen Abdruck. Im Normalfall sollte die gesunde Rosafärbung innerhalb von ein bis zwei Sekunden wieder zurückkehren, das Gewebe also an der Druckstelle wieder gut durchblutet und die Druckstelle nicht mehr sichtbar sein.

Der Herzschlag, Puls und die Atmung

Die Herzfrequenz ist von der Rasse und dem Gesundheitszustand des Hundes abhängig. Als normal gelten um die 50 Schläge pro Minute bei größeren Rassen, bis 130 Schläge bei kleineren. Um die Anzahl der Herzschläge festzustellen, pres-

Es ist wichtig zu wissen, wie Sie bei Ihrem Hund die Temperatur messen. Die Normaltemperatur liegt bei Hunden zwischen 37,5 und 39°C.

lebenswichtiger Faktor. Anzeichen für eine solche Situation können die folgenden sein - ein unnatürlich helles Zahnfleisch, ein anormaler Herzschlag, eine Körpertemperatur unter 37,5 oder über 39°C, ein Schockzustand oder Lethargie sowie Lähmungserscheinungen.

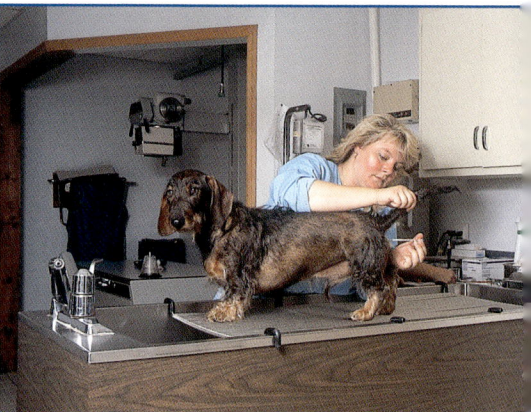

5.) Wird ein Hund in einen Autounfall verwickelt, ist gleichermaßen größte Eile und Vorsicht geboten. Das Tier sollte so wenig wie möglich bewegt werden, sofort in eine Tierarztpraxis gebracht und dort umgehend einer Röntgenuntersuchung unterzogen werden. Besonders wichtig ist eine eingehende Untersuchung des Brustkorbs und des Unterleibs, um eine Verletzung der Lunge oder der Blase sofort feststellen zu können.

Der Notfallmaulkorb

In einer Ausnahmesituation, in der ein Hund unter starken Schmerzen leidet oder in einem panikartigen Zustand ist, kann es für den Halter ausgesprochen schwierig werden, seinen Hund zu bändigen und ihm Erste Hilfe-Maßnahmen zukommenzulassen. Ein in panischer Angst befindlicher Hund, der zudem noch starke Schmerzen empfindet, erreicht schnell einen Punkt, an dem er nicht einmal seinen eigenen Halter erkennt, sondern blindlings nach allem beißt, was sich ihm nähert.

Die einzige Möglichkeit, um sich selbst und das Tier in einer solchen Situation vor Schaden zu bewahren und in der Lage zu sein, ihm sofortige Hilfe zuteil werden zu lassen, ist den Hund unter Kontrolle zu bringen und ruhigzustellen. Ist nicht sofort ein Tierarzt zur Stelle, der eine Beruhigungs-

spritze verabreichen kann, muß sich der Halter auf andere Weise behelfen, zum Beispiel mit einem Maulkorb. Nun besitzt nicht jeder Hundehalter einen Maulkorb, wenn er diesen nicht sowieso benötigt, um sein Tier in der Öffentlichkeit ausführen zu können. Sie können jedoch relativ einfach und schnell einen provisorischen Maulkorb basteln, der in einer solchen Situation recht hilfreich sein kann.

Sie benötigen dazu nichts weiter als eine etwa 70 cm bis ein Meter lange stabile Schnur oder Kordel. Im Notfall kann auch die Leine, ein Nylondamenstrumpf oder etwas ähnliches benutzt werden. Mit diesem „Werkzeug" verfahren Sie folgendermaßen.

1.) Sie verknoten es leicht in der Mitte, so daß eine herunterhängende, große Schlaufe entsteht. Es wird dazu ein einfacher Knoten benutzt, der sich leicht zuziehen läßt.

2.) Die beiden Enden werden mit beiden Händen auseinandergehalten.

3.) Die Schlaufe wird langsam unter ruhigem Zureden über die Schnauze des Hundes manövriert, so daß sie sich kurz hinter der Nase befindet und Ober- sowie Unterkiefer umschließt.

4.) Die Schlaufe wird schnell zugezogen, was den Hund daran hindert, sein Maul zu öffnen.

5.) Nun werden die beiden Enden unterhalb des Unterkiefers nochmals verknotet.

6.) Danach ziehen Sie die beiden Enden rechts und links unterhalb der Ohren nach hinten und verknotet sie am Hinterkopf erneut.

Es ist wärmstens zu empfehlen, das Anlegen dieses „Notfall-Maulkorbs" von Zeit zu Zeit zu üben und den Hund an diese Prozedur zu gewöhnen, solange er gesund und ruhig ist. So wird sichergestellt, daß dieser Vorgang dem Tier bereits vertraut ist und Sie jeden erforderlichen Handgriff kennen. Ist ein eintretender Notfall auch gleichzeitig die Premiere für dieses Hilfsmittel, so überträgt sich die Nervosität des darin ungeübten Halters auf den Hund und macht, in Verbindung mit der Angst vor diesem „Monstrum", die Situation nur noch schlimmer. Es ist unbedingt darauf zu achten, daß wenn sich der Hund erbrechen sollte, dieser oder jeder andere Maulkorb sofort zu entfernen ist, damit das Tier nicht an dem Erbrochenen ersticken kann.

Vergiftung durch Frostschutzmittel

Auch hier ist Zeit der wichtigste Faktor zur Rettung des Hundes. In der offenen Garage oder anderswo herumstehende Behälter mit Frostschutzmittel sind potentielle Gefahrenquellen.

Frostschutzmittel hat einen süßlichen Geschmack, was für den Hund einen fast unwiderstehlichen Anreiz bietet, es auf- oder abzulecken. Schlechterdings ist der Hauptbestandteil von Frostschutzmitteln

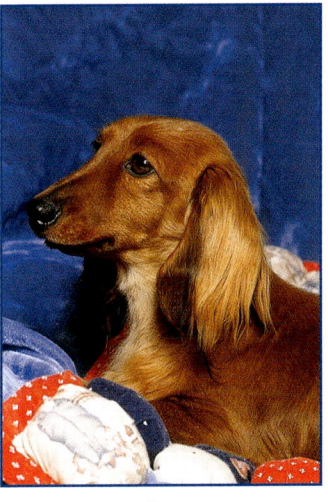

Klare Augen, ein glänzendes Fell und ein zufriedener Ausdruck sind Hinweise auf einen guten Gesundheitszustand.

Äthylenglycol, das zu schwersten, irreparablen Nierenschäden führt.

Heute gibt es bestimmte Testmethoden, um eine solche Vergiftung schnell nachzuweisen. Die Behandlung ist ausgesprochen drastisch und muß umgehend erfolgen, um das Tier noch zu retten. Um es gar nicht erst zu solchen Vorfällen kommen zu lassen, sollten Sie stets darauf achten, Frostschutzmittel unbedingt außerhalb der Reichweite von Hunden und anderen Haustieren aufzubewahren.

Wespen- und Bienenstiche

Ein Wespen- oder Bienenstich kann extrem starke Reaktionen nach sich ziehen und aus Atmungsproblemen, Ohnmachtsanfällen und sogar dem Tod des Hundes bestehen. Deutliche Anzeichen sind Schwellungen um die Schnauze herum und im Gesicht. In solchen Fällen ist es wichtig, die Farbe des Zahnfleisches, die Atmungstätigkeit sowie die Schwellung aufmerksam zu beobachten. Treten Abweichungen vom Normalzustand auf und wird

Bienen und Wespen können sich auf im Freien stehendes Futter setzen. Beobachten Sie deshalb Fütterungen draußen besonders aufmerksam.

die Schwellung zunehmend stärker, ist sofort ein Tierarzt aufzusuchen. Wurde das Tier im Maulinnenraum oder sogar in die Zunge gestochen, sollten Sie keinesfalls warten, sondern sofort reagieren - hier besteht akute Erstickungsgefahr.

In jedem Fall kann das Verabreichen eines wirksamen Antihistamins eine schnelle Erleichterung bringen und dem Halter einen Zeitvorteil verschaffen. Da jedoch nicht alle Antihistamine für diesen speziellen Fall geeignet sind, sollten Sie sich vom Tierarzt für den Notfall beraten lassen und stets einen kleinen Vorrat im Haus haben.

Blutungen

Blutungen können durch unterschiedliche Faktoren hervorgerufen werden. Zum Beispiel kann es sich dabei um eine ausgerissene oder eine zu kurz abgeschnittene Kralle, eine leichte Hautverletzung oder auch eine ernste Fleischwunde handeln. Die erste Maßnahme bei stärkeren Blutungen ist, sofort einen Druckverband anzulegen, um die Blutung zu stoppen. Dieser Verband muß alle 15 bis 20 Minuten gelockert werden, damit die allge-

meine Durchblutung nicht zu lange unterbunden wird. Das Verbandmaterial muß unbedingt sauber und sollte nicht zu elastisch sein, denn das birgt die Gefahr, daß es zu fest gewickelt wird. Steht kein professionelles Verbandmaterial zur Verfügung, kann auch ein Handtuch, ein Waschlappen oder ähnliches benutzt werden, das dann mit einer Krawatte oder einem Gürtel festgebunden wird.

Eine blutende Kralle kann mit etwas blutstillender Watte oder ebensolchem Puder behandelt werden, jedoch sollte der Tierarzt danach einen Blick darauf werfen, um eine Entzündung rechtzeitig zu verhindern. Jede Wunde sollte zuerst mit einem antiseptischen Reinigungsmittel gesäubert und dann verbunden werden. Alkohol sollte möglichst nicht benutzt werden, denn er wirkt sich negativ auf die Heilung des Gewebes aus. Bei größeren oder tieferen Wunden muß das Tier umgehend in ärztliche Behandlung.

Blähungen

Obwohl eine normale Blähung, bei der das Gas auf natürliche Weise aus dem Körper entweicht, nicht unbedingt als eine Notfallsituation betrachtet werden kann, muß auch hier zwischen Normal und Anomal unterschieden werden.

Ein regelrecht aufgeblähter Magen oder Darm tritt eigentlich häufiger bei großen Hunderassen auf, ist deshalb jedoch bei kleineren nicht ausgeschlossen. Hier handelt sich um einen lebensbedrohenden Zustand, der eine umgehende Reaktion erfordert.

Der Magen wird hierbei durch übermäßige Gasansammlungen oder eine schaumige Substanz ausgedehnt und kann sich nicht entleeren. Dieser Zustand kann wiederum zu einer Magenverdrehung oder -verschlingung führen, wodurch beide Magenöffnungen blockiert werden. Durch die Verdrehung wird auch eine der Hauptvenen blockiert, die Blut zum Herzen transportieren, wodurch ein enormer Druck auf die Blutzirkulation ausgeübt wird. Diese Situation führt in nur kurzer Zeit zu einem Schockzustand mit nachfolgendem Tod. Hier ist umgehende ärztliche Hilfe in Form einer Notoperation der einzige mögliche Lebensretter.

Verbrennungen

Rührt die Verbrennung vom Kontakt mit einer Chemikalie her, sollte umgehend der Tierarzt angerufen werden. Normale Verbrennungen werden unter kaltem, fließenden Wasser gelindert, und anschließend wird der Tierarzt aufgesucht. Bei ernsthaften Verbrennungen oder auch leichteren, jedoch flächenmäßig großen, wird der Hund am besten sofort in eine Tierklinik gebracht. In vielen Fällen ist es zur besseren Sauberhaltung der Wunde notwendig, das umgebende Haar abzurasieren.

Die Behandlung besteht meistens aus einer gründlichen Reinigung der Wunde und dem Auftragen einer antimikrobiotischen Salbe; ein Vorgang, der täglich wiederholt werden muß. Eine mittelschwere Brandwunde benötigt etwa drei Wochen zur vollständigen Heilung, wobei damit gerechnet werden muß, daß ein neuer Fellwuchs an der Brandstelle in einigen Fällen ausbleibt.

Unbehandelte Verbrennungen ufern in Sekundärinfektionen aus, verursachen dem Tier enorme Schmerzen und können zu einem möglicherweise tödlichen Schock führen. Besonders ältere Hunde reagieren hier meistens bedeutend empfindlicher als jüngere.

Wiederbelebung

In einem Fall, wo der Hund scheinbar unter einem Herzstillstand leidet, muß zuerst schnellstens überprüft werden, ob noch ein Herzschlag, Puls und eine Atmungstätigkeit festzustellen ist. Sind die Pupillen des Hundes bereits erweitert und starr, sieht die Diagnose nicht gut aus.

Eine solche Notsituation erfordert zwei Menschen zur Anwendung der professionellen Wiederbelebungsversuche. Eine Person muß für das Tier atmen, während die zweite sich dem Wiederbeleben des Herzens widmet.

Der Hund wird auf seine rechte Seite gelegt, die Hände des Halters befinden sich rechts und links am Brustkorb, etwa in Höhe der vierten und fünften Rippe. Der Brustkorb wird nun gleichmäßig zusammengepreßt und dann wieder losgelassen. Dieser „Pumpvorgang" wird je nach Größe des Hundes 70 bis 120 Mal in der Minute wiederholt.

Die Zunge wird nach vorne aus dem Maul gezogen, um die Atmung nicht zu behindern. Nach jedem fünften „Pumpen" holt der Helfer tief Luft, deckt die Nase des Hundes mit den Händen ab und atmet langsam in das Maul aus. Dabei sollte zu beobachten sein, daß sich der Brustkorb des Hundes weitet. Dieser Vorgang wird alle fünf bis sechs Sekunden (12 bis 20 Mal pro Minute, ebenfalls je nach Größe des Hundes) wiederholt, wobei der Brustkorb weiterhin bearbeitet wird, nur nicht in dem Moment, in dem der Helfer Luft in die Lungen des Hundes pumpt. Das Tier muß unbedingt warmgehalten und der Tierarzt umgehend verständigt werden. Sobald sich Herzschlag und Atmung wieder eingefunden haben, muß schnellstens für einen sicheren Transport in eine Tierklinik gesorgt werden.

Schokoladenvergiftung

Hunde lieben Schokolade, doch diese Liebe kann sie umbringen. Verantwortlich dafür sind zwei in Schokolade enthaltene Stoffe - Koffein und Theobromin, ein natürliches Alkaloid der Kakaobohne. Diese Stoffe führen beim Hund zu einer Überstimulation des Nervensystems. Eine Milchschokoladenmenge von nur 280 g kann bereits einen fünf Kilogramm schweren Hund umbringen!

Die Symptome für eine solche Vergiftung sind Ruhelosigkeit, Erbrechen sowie ein beschleunigter Herzschlag und Krämpfe. In der Folge verfällt der Hund ins Koma. Der nachfolgende Tod ist wahrscheinlich, wenn nicht sofort gehandelt wird.

Als erste Maßnahme sollte der Hund umgehend zum Erbrechen gebracht werden; der Tierarzt ist sofort zu benachrichtigen. Als effektives Brechmittel können 1/4 Teelöffel Brechwurzelsirup pro Kilo Körpergewicht oder verabreicht werden.

Die sicherste und einfachste Methode ist es allerdings, seinen Hund erst gar nicht auf den Geschmack zu bringen und Schokolade als ein Tabu zu betrachten.

Ersticken

Die erste Maßnahme in solchen Fällen ist die Suche nach dem Auslöser. Sie halten den Hundekörper zwischen den Beinen, greifen mit jeweils einer Hand Ober- und Unterkiefer, öffnen das Maul und schauen so weit wie es geht in den nach oben gereckten Hals. Ist ein Fremdkörper sichtbar, der offensichtlich die Atmung blockiert, muß dieser umgehend entfernt werden. Haben Sie einen Assistenten zur Hand, kann dieser versuchen, den Gegenstand mit der Hand oder einer langen, stumpfen Pin-

Eine Schokoladenmenge von 280 g kann einen 5 Kilogramm schweren Hund umbringen. Koffein und Theobromin, natürlich Alkaloide, die in der Kakaobohne enthalten sind, sind für den Hund reines Gift. Am besten bringen Sie Ihren Hund erst gar nicht auf den Geschmack. Foto: Archiv bede-Verlag

zette zu greifen. Ist das nicht möglich, so muß versucht werden, den Hund mit dem Kopf nach unten zu halten, damit der Gegenstand dann vielleicht nach vorne rutscht und herausfällt. Da Zeit hier ein lebenswichtiger Faktor ist, muß noch während dieser Erste Hilfe-Maßnahmen der Tierarzt benachrichtigt werden. Um solche Unfälle zu vermeiden, muß unbedingt darauf geachtet werden, daß Spielzeug stets eine Größe hat, die ein Verschlucken unmöglich macht. Desweiteren müssen Ketten oder kettenartige Halsbänder außerhalb der Auslaufzeiten unbedingt abgelegt werden. Anderenfalls besteht die Gefahr, daß der Hund beim Spielen an einem Ast, einem Haken oder einem anderen Gegenstand hängenbleibt und sich bei dem Versuch freizukommen, selbst erwürgt. Ein Lederhalsband ist hingegen unbedenklich und kann ständig um den Hals des Hundes belassen werden. Es ist weiterhin darauf zu achten, daß der Hund keinen Zugang zu kleinen, splitternden oder Hohlknochen hat. Dazu zählen kleine Knochenteile, zu kleine Markknochen, Kotelettknochen und Knochen von gebratenem oder gekochtem Hähnchen.

Ein kleiner Markknochen kann klein genug sein, um problemlos verschluckt zu werden, jedoch andererseits zu groß sein, um auf natürlichem Wege ausgeschieden zu werden - eine Magenverschlingung oder ein Darmverschluß können die Folge sein. Kotelett- und Brathähnchenknochen zersplittern und können beim Hinunterschlucken im Hals steckenbleiben oder mit ihren scharfen Bruchspitzen die Speiseröhre oder Magen- oder Darmwände aufreißen - es kommt zu schwersten inneren Verletzungen oder einem Tod durch Ersticken.

Bißverletzungen

Wurde ein Hund von einem anderen gebissen, muß die Wunde gereinigt und die Schwere der Verletzung beurteilt werden. Ist die Wunde tief oder großflächig und blutet stark, ist eine sofortige tierärztliche Hilfe unverzichtbar. Handelt es sich dagegen nur um eine oberflächliche Wunde, bei der lediglich die Haut beschädigt wurde, reicht vorerst eine gründliche Säuberung, das Entfernen des umliegenden Fells und das Auftragen einer antibakteriellen Salbe. Dennoch sollte das Tier zur Sicherheit einem Tierarzt vorgeführt werden.

In jedem Fall sollten Sie genauestens über den Zeitpunkt der letzten Tollwut-Schutzimpfung informiert sein, denn das kann von größter Bedeutung für das Leben des Hundes sein, besonders dann, wenn Sie den Verursacher der Wunde nicht kennen. Auch für Ihr Leben ist diese Information wichtig, nämlich dann, wenn Sie das Opfer einer solchen Bißverletzung sind. In diesem Fall ist unbedingt zu überprüfen, wann Sie Ihre letzte Tetanusimpfung erhalten haben.

Ertrinken

Es passiert hin und wieder, daß besonders junge Hunde oder Welpen in ein öffentliches Gewässer oder einen Swimmingpool springen oder fallen. Obwohl der Hund darauf instinktiv mit Schwimmbewegungen reagiert, kann es schnell dazu kommen, daß ihm die Kraft ausgeht, bevor er das sichere Ufer erreicht, abgetrieben wird oder sich in seiner Panik am falschen Ende des Pools herauszuziehen versucht, dort jedoch immer wieder abrutscht und ins Wasser zurückfällt.

Wird der Hund umgehend nach dem Untergehen geborgen, können Wiederbelebungsversuche durchaus erfolgreich sein. Das Maul wird geöffnet, alle Fremdkörper wie Schmutz und ähnliches schnell entfernt, der Hund dann am Hinterkörper gehalten und mit dem Oberkörper nach unten hängend hin und her geschwungen, um das Wasser aus den Lungen zu entlassen. Die Zunge wird aus dem Maul herausgezogen, um die Atmung nicht zu behindern, und es werden Mund- zu-Mund-Beatmung sowie Herzmassagen durchgeführt (wie unter „Wiederbelebung" beschrieben). Der Tierarzt ist umgehend zu benachrichtigen.

Diese Erste Hilfe-Maßnahmen dürfen nicht eingestellt werden, bis das Tier entweder zu sich kommt und das verschluckte Wasser erbricht oder ärztliche Hilfe eingetroffen ist. Außerdem sollte das Tier in eine Decke eingewickelt warm gehalten werden, denn es besteht zusätzlich die Gefahr einer Unterkühlung und des Schocks.

Elektroschock

Welpen, Junghunde, jedoch auch bereits ältere Tiere neigen oftmals dazu, sich plötzlich und unvermutet mit Dingen im Haus zu beschäftigen, die sie vorher nicht eines Blickes gewürdigt haben. Dazu können auch Elektrokabel und elektrische Geräte gehören.

Welpen und Junghunde sind genauso neugierig wie Kleinkinder und verspüren den unbändigen Drang, alles Unbekannte mit ihrer kleinen feuchten Nase, den Pfoten oder sogar den Zähnen zu untersuchen. Deshalb empfiehlt es sich, in Reichweite befindliche Steckdosen mit Sicherheitskappen zu versehen und den gesamten Stromkreislauf mit einem ultraflinken

Schutzschalter abzusichern. Dabei handelt es sich um einem sogenannten Wasserschlag-Sicherheitsschutzschalter, kurz FI- Schalter genannt, der in jedem guten Elektrogeschäft erhältlich ist. Diese ultraflink reagierenden Sicherungen reagieren bereits auf geringste Fehlerströme und schalten sofort den gesamten Stromkreis ab, lange bevor dies eine normale Sicherung tun würde. Sie können so nicht nur das Leben des Hundes oder auch eines Kindes retten, sondern verhindern darüberhinaus auch auf diese Weise entstehende Wohnungsbrände.

Ich kann aus eigener Erfahrung versichern, daß diese Maßnahme lebensrettend sein kann. Einer meiner Hunde, sieben Jahre alt, hatte sich eines Tages ein in Reichweite befindliches Verlängerungskabel in sein Körbchen gezerrt und genüßlich darauf herumgekaut, bis die Isolierung durchbrochen und die nackten Kabel miteinander und seiner feuchten Zunge in direkten Kontakt kamen. Der Sicherheitsschutzschalter, der zu diesem Zeitpunkt glücklicherweise bereits installiert war, reagierte sofort und rettete ihm so das Leben.

Kommt es jedoch zu einem Stromschlagunfall, weil eine solche Sicherheitseinrichtung nicht vorhanden ist, müssen folgende Dinge beachtet werden. Zuerst muß der Stromkreis unterbrochen werden, bevor das betreffende Tier angefaßt wird. Die Zunge wird aus dem Maul herausgezogen und Mund-zu-Mund-Beatmung sowie Herzmassagen durchgeführt. Der Hund muß schnellstmöglich einem Tierarzt vorgeführt werden, denn Stromschläge können nicht sichtbare innere Verletzungen wie Lungenschäden verursachen, die eine sofortige Behandlung erfordern.

Es ist grundsätzlich darauf zu achten, daß

Hunde können auf eine Reihe von Pflanzen allergisch reagieren oder sich sogar an ihnen vergiften. Die Liste auf Seite 110 enthält einige Pflanzen, die für Ihren Hund giftig sind.

sich elektrische Geräte stets außerhalb der Reichweite des Hundes befinden. Bei in Betrieb befindlichen Geräten, die zeitweise oder ständig ans Stromnetz angeschlossen sind, müssen die Kabel so verlegt sein, daß der Hund nicht daran hängenbleiben und das Gerät herunterreißen kann.

Augen

Gerötete Augen weisen auf Augeninfektionen hin - jede Rötung des weißen inneren Augenbereiches ist ein Alarmzeichen. Schielen, eine trübe Pupille oder eine offensichtlich beeinträchtigte Sehfähigkeit sind Anzeichen für ernste Probleme wie ein Glaukom (Grüner Star) oder ähnlich schwere Augenerkrankungen.

Bei einem Glaukom ist umgehende ärztliche Hilfe erforderlich, um das Augenlicht des Tieres zu retten. Eine prolabierte Nickhaut (Vorfall des dritten Augenlids) ist eine anormale Erscheinung und deutet auf ein unterschwelliges Problem hin. Das Gleiche gilt für ein schlaffes, herunterhängendes oberes oder auch unteres Augenlid.

Allergien oder ständig tränende Augen können ein vorübergehendes, dabei aber sehr störendes Problem sein. Durch die stetig austretende Tränenflüssigkeit ist der Bereich unter dem Auge anhaltend feucht, was wiederum zu einer Bakterieninfektion führen kann.

Schwellungen, Rötungen oder geplatzte Blutgefäße im Inneren des Auges können auch einen im Auge befindlichen Fremdkörper als Ursache haben. Dieser muß schnellstens, jedoch mit größter Vorsicht entfernt werden, wozu das Auge am besten mit kaltem Wasser ausgewaschen wird. Klingen Schwellung und Rötung danach nicht zusehends ab, und erweckt der Hund durch auffälliges Blinzeln und Reiben mit der Pfote immer noch den Eindruck, daß etwas das Auge irritiert, sollte unbedingt ein Tierarzt aufgesucht werden.

Die Liste der möglichen Ursachen für Augenprobleme ist lang - Allergien, Infektionen, Fremdkörper, eingewachsene Wimpern, störende lange Gesichtshaare, Erkrankungen oder Verletzungen des Tränenkanals, deformierte Augenlider und so weiter. Jede dieser Ursachen erfordert eine individuelle Behandlung, über die generell der Tierarzt und nicht das Gutdünken des Halters entscheiden sollte.

Ohren

Das gesunde Hundeohr zeigt eine innen rosafarbene Ohrmuschel, ist frei von Sekretabsonderungen, und der Hund verspürt nur hin und wieder den Drang, sich am Ohr zu kratzen.

Wird häufiges und hartnäckiges Kratzen beobachtet, ist die Ohrmuschel rot gefärbt, wirkt die Haut entzündet oder rauh, sind Absonderungen von dunklem oder blutigem Ohrenschmalz oder übelriechende Ablagerungen von braunen, gelblichen oder blutigen Verkrustungen im Ohr zu entdecken, wird der Kopf häufig geschüttelt, reagiert das Tier bei der Berührung der Ohren mit Schmerzen oder sind Schwellungen vorhanden, liegt ein offensichtliches Problem vor.

So lang wie die Liste der möglichen Symptome ist auch die der infragekommenden Ursachen - Futterallergien oder Reaktionen auf eingeatmete Stoffe, ein Milbenbefall, eine allergische Reaktion auf ein Medikament, eine Infektion, eine Verletzung, eine Zecke oder ein anderer Fremdkörper der, wie auch immer, in das Ohrinnere gelangt ist. Bei älteren Hunden kann ein häufiges

Schwellungen, Rötungen, oder geplatzte Blutgefäße im Inneren des Auges können einen im Auge befindlichen Fremdkörper als Ursache haben. Dieser wird am besten mit kaltem Wasser ausgewaschen.
Foto: Archiv bede-Verlag

Kopfschütteln auch mit einer altersbedingten Schwerhörigkeit in Zusammenhang stehen, die das Tier irritiert.

Sicherlich handelt es sich bei den meisten dieser Erscheinungen um keinen wirklichen Notfall, jedoch sollten sie trotzdem nicht auf die leichte Schulter genommen, sondern es sollte schnellstens reagiert und versucht werden, die Ursache zu ergründen. Gewißheit darüber, um welche der vielen Möglichkeiten es sich nun definitiv handelt, kann nur eine eingehende Untersuchung beim Tierarzt bringen.

Das Atmungssystem

Husten oder häufiges Niesen sind deutliche Anzeichen für Atemwegserkrankungen. Es kann sich dabei um eine Erkältung, eine Bronchitis, eine Lungenentzündung aber auch um eine Allergie oder eine Mandelentzündung handeln.

Es ist unbedingt darauf zu achten, ob die Atmung flach, beschleunigt, verlangsamt oder schwer ist. In jedem Fall ist bei Auftreten der vorgenannten Symptome wie auch bei röchelnden oder lauten Atemgeräuschen sofort ein Tierarzt zu konsultieren, um dem Übel so schnell wie möglich auf die Schliche zu kommen.

Fischgräten

Es sollte unnötig sein zu erwähnen, daß vor dem Verfüttern von Fisch sämtliche Gräten zu entfernen sind. Dennoch kann es dazu kommen, daß eine oder zwei Gräten übersehen werden, der Hund den Fisch aus einer Mülltonne ausgegraben oder von einem „freundlichen" Nachbarn bekommen hat, was meistens ohne das Wissen des Halters geschieht.

In solchen Fällen darf nicht versucht werden, die festhängende Gräte aus dem Hals des Hundes zu entfernen, weil ein Laie dabei durchaus mehr Schaden anrichten als helfen kann. Außerdem wird sich das verängstigte und unter Schmerzen leidende Tier nicht so ohne weiteres in den Hals fassen lassen, was in den meisten Fällen das Verabreichen eines Beruhigungsmittels notwendig macht. Hat sich die Gräte quer im Hals verfangen, was meistens der Fall ist, muß sie erst in der Mitte durchtrennt werden, bevor beide Teile dann einzeln entfernt werden können. Anderenfalls würde der Versuch, die festhängende Gräte in einem Stück herausziehen zu wollen, unweigerlich in einer noch schlimmeren Verletzung ausarten, als der, die sowieso bereits entstanden ist. Diese Verletzung muß vermutlich mit Antibiotika behandelt werden, weshalb unbedingt und umgehend ein Tierarzt aufzusuchen ist.

Fremdkörper

Es ist teilweise unglaublich, für welch unmögliche Dinge sich ein Hund begeistern kann. Unterhalten Sie sich einmal ausgiebig mit einem Tierarzt, werden Sie kaum glauben wollen, was dieser schon alles aus den gemarterten Mägen und Gedärmen von Hunden herausoperiert hat. Besonders junge Hunde betrachten alles, was ihnen vor die Nase kommt, in erster Linie als freßbar. Dabei wird kaum darauf geachtet, ob das Objekt auch schmeckt, solange es nur in irgendeiner Weise anregend oder interessant riecht.

Zu solch gefährlichen Fremdkörpern, die das Leben eines Hundes schnell und vorzeitig beenden können, zählen nicht nur Splitterknochen von Koteletts, Steaks und die Hohlknochen von gebratenem Geflügel, sondern auch beispielsweise das Verpackungsmaterial von Lebensmitteln. Der Papp- oder Styroporteller und die Klarsichtfolie, in der Fleisch verpackt war, Staniolfolie, Plastiktüten, einfach alles, was zur Verpackung von Fleisch, Wurst und anderen verlockend riechenden Dingen benutzt wird, erregt das Interesse eines Hundes. Der daran haftende Duft macht das Objekt so reizvoll, daß es kurzerhand angeknabbert oder gleich mit „Haut und Haaren" verschlungen wird. Oftmals sind es auch nur kleine Teile von Fremdkörpern, die in den Magen gelangen und dann unverdaut über den Darm ausgeschieden oder erbrochen werden - was jedoch, wenn das Objekt weder vorne noch hinten auf mehr oder weniger natürliche Weise wieder austritt?

Ob Sie es glauben möchten oder nicht, es sind nicht nur nach Lebensmitteln riechende Fremdkörper aus Hunden herausoperiert worden, sondern auch eine Reihe anderer Dinge wie Steine, Socken, Unterhosen, Strümpfe, Windeln, Waschlappen, alle Arten von Plastik, Spielzeug und sogar Teile von Reitpeitschen, Schuhen und Handtaschen!

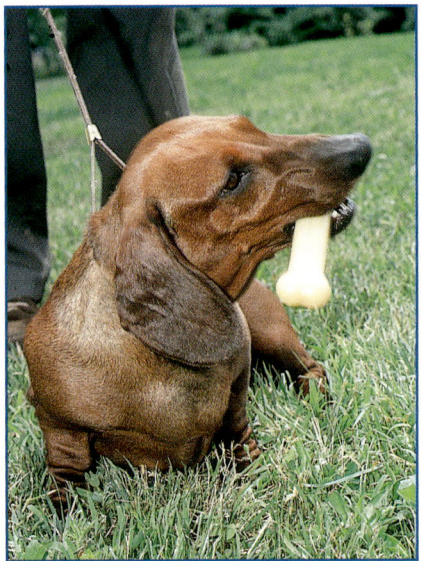

Mit einem Kau-spielzeug ist Ihr Hund glücklich und wird nicht auf Ästen oder an Pflanzen her-umkauen.

Offensichtlich sollte ein Hund dahinge-hend erzogen werden, sich nicht an sol-chen Dingen zu vergreifen, sondern sich mit seinem eigenen, (hoffentlich) gefahr-losen Spielzeug zu beschäftigen, jedoch muß besonders bei Welpen und Jung-hunden jederzeit mit einem solchen Zwi-schenfall gerechnet werden. Treffen Sie also auf angeknabberte Gegenstände, ver-missen plötzlich welche, findet beim Hund keine Verdauung statt oder muß er sich offensichtlich quälen, um wenigstens eine kleine Kotmenge auszuscheiden, wird aus unerklärlichen Gründen das Futter ver-weigert oder dieses kurz nach dem Ver-zehr wieder erbrochen, versucht sich das Tier erfolglos zu erbrechen, reagiert auf das leichte Abtasten von Magen- und Darmbereich mit Anzeichen von Schmer-zen oder die Magenregion wirkt aufge-bläht, sind das alles Anzeichen für einen ernsthaften Notfall.

Der Hund muß umgehend zu einem Tier-arzt gebracht werden, der feststellen wird, ob eine sofortige Operation erforderlich ist oder ob vielleicht ein geeignetes Abführ- oder Brechmittel die ersehnte Erleichte-rung bringt. Obwohl oftmals dazu geraten wird, den Hund umgehend erbrechen zu lassen, soll an dieser Stelle davon abgera-ten werden. Abhängig davon, was für einen Gegenstand das Tier verschluckt hat, wie groß er ist, aus welchem Material er be-steht, welche Menge davon gefressen wurde, wie lange es bereits im Magen liegt und in welchem Allgemeinzustand sich das Tier befindet, kann Erbrechen den Scha-den durchaus noch vergrößern. Die Ent-scheidung darüber, was wann und wie in einem solchen Fall getan werden muß, sollte hier unbedingt dem Tierarzt über-lassen werden.

Hitzschlag

Obwohl oftmals gesagt wird, daß beson-ders langhaarige Hunderassen unter hohen Temperaturen leiden, ist genau das Gegenteil der Fall. Es sind meistens die kurzhaarigen Rassen, die statt Ober- und Unterfell nur eine Fellschicht mit einer dementsprechend schlechteren Isolati-onswirkung besitzen und dadurch auf hohe Temperaturen empfindlicher rea-gieren. Außerdem hat die Länge der Schnauze einen anatomisch bedingten Einfluß auf das natürliche „Kühlsystem" des Hundes. Dieses funktioniert bei Hun-den mit längeren Schnauzen effektiver als bei kurzschnäuzigen. Für alle überge-wichtigen und herzkranken Hunde besteht ein erhöhtes Risiko.
Es kann jedoch in jedem Fall zu einem Hitz-schlag kommen, wenn das Tier für länge-re Zeit sehr hohen Temperaturen oder

Gerade die kurz-haarigen Hun-derassen, die statt Ober- und Unterfell nur eine Fellschicht mit einer dem-entsprechend schlechten Isola-tionswirkung besitzen, reagie-ren auf hohe Temperaturen empfindlicher. Andererseits hat die Länge der Schnauze einen anatomisch bedingten Ein-fluß auf das „Kühlsystem" des Hundes.

direkter Sonneneinstrahlung ausgesetzt wird, ohne dem ausweichen zu können. Solche Situationen entstehen beispiels-weise, wenn der Hund im Auto eingesperrt ist, dieses in der Sonne steht oder die Außentemperaturen relativ hoch sind. Selbst an beiden Seiten leicht geöffnete Fenster schaffen hier keine ausreichende Abhilfe. Das Anbinden des Hundes an einem sonnenexponierten Platz im Freien oder das übermäßige Herumtollen mit dem Tier in der Sonne sind ebenfalls gefah-renträchtige Situationen.

Anzeichen für einen Hitzschlag sind fla-ches, schnelles Atmen, beschleunigter Herzschlag, eine erhöhte Körpertempera-tur sowie Ohnmachtsanfälle. In einem sol-chen Fall muß das Tier sofort gekühlt und von einem Tierarzt behandelt werden. Das Kühlen geschieht am besten mit Wasser, das jedoch nicht einfach über das Tier gegossen wird, denn dies würde unwei-gerlich einen Schock auslösen. Sie reiben das Tier erst mit einem nassen Lappen oder Schwamm mit dem kühlenden Wasser ab und lassen es dann langsam über den Kör-per rieseln. Der Hund muß unbedingt abge-schattet und mit frischer und kühler Luft versorgt werden, wobei Zugluft unbedingt zu vermeiden ist.

Außerdem können Sie Eiswürfel um den Kopf und Hals legen, um eine anhaltende Kühlung zu erzielen. Dabei muß die Kör-pertemperatur des Tieres überwacht und das Kühlen eingestellt werden, sobald die Normaltemperatur wieder hergestellt ist. Diese wird weiterhin überwacht, um sicherzustellen, daß sie nicht erneut an-steigt, was ein dann wiederholtes Kühlen erforderlich macht. Bleibt die Temperatur nicht konstant, sondern sinkt auch ohne Kühlung weiter, besteht Lebensgefahr. Pro-fessionelle Hilfe ist unbedingt und schnellstmöglich erforderlich.

Vorsicht vor giftigen Pflanzen

Amarillis (Knollen)

Apfelkerne

Avocadopflanzen

Azaleen

Bittersüß

Brennesseln

Buchsbaumholz

Butterblumen

Caladium (Buntwurz)

Christusdorn

Dieffenbachien

Dreizack-Gras

Efeu

Eibe

Eisenhut

Elefantenohrblatt

Fingerhut Glyzinie

Goldregen

Holunderbeeren

Hortensien

Hyazinthen (Knollen)

Iris (Knollen)

Japanische Eibe

Jasmin (Beeren)

Kirschkerne

Kletterlilien

Liguster

Lorbeer

Märzbecher (gelbe Osternarzisse)

Mistel (Beeren)

Nachtschattengewächse (grüne Teile von z.B. Kartoffel, Tomate etc.)

Narzissen (Knollen)

Oleander

Pfirsichblätter

Philodendron

Pilze

Rhabarber

Rhododendron

Ringelblume

Rittersporn

Stechpalme

Tabak (nicht nur als Pflanze, sondern auch in Form von Zigaretten, Zigarren, etc.)

Tollkirschen

Tulpenzwiebeln

Walnuß

Zuckerbohnen

Im Haushalt existieren eine Menge Dinge, die dem Hund gefährlich werden können. Es kann sich um Medikamente, Schokolade, Reinigungsmittel oder auch Elektrokabel handeln. Achten Sie also darauf, daß dies alles für Ihren Hund unerreichbar ist. Foto: Archiv bede-Verlag

Vergiftungen allgemein

Vergiftungserscheinungen äußern sich oftmals durch Muskelkrämpfe und Schwäche, übermäßigen Speichelfluß, Erbrechen, heftigen unkontrollierten Durchfall und Gleichgewichtsstörungen. Hier gilt es in erster Linie herauszufinden, was der Hund gefressen oder getrunken hat.

Handelt es sich dabei um chemische Stoffe wie Reinigungsmittel, Farbverdünner oder ähnliches, und Sie sind sich der Ursache der Vergiftung sicher, ist sofort der Tierarzt zu verständigen und über die auf der Ver-packung aufgelisteten Inhaltsstoffe zu informieren, damit er sich ein Bild von der Art der Vergiftung machen kann. Er wird noch am Telefon Anweisungen darüber geben, was bis zu seinem Eintreffen zu tun ist.

In einem normalen Haushalt existieren bis zu 500.000 Giftstoffe, die einem Hund gefährlich werden können. Sie mögen im Haushaltsabfall vorhanden sein, es kann sich aber auch um Pestizide, Medikamente, Pflanzen, Schokolade oder Reinigungsmittel handeln, durch die sich der Hund eine Vergiftung zuzieht.

Es kann jedoch auch auf indirektem Weg zu Vergiftungen kommen. Der Verzehr von vergifteten Nagetieren ist nur ein Beispiel dafür. Sie sollten Ihren Hund auch unbedingt dazu erziehen, kein Futter von fremden Personen anzunehmen. Diese Person muß nicht zwingendermaßen etwas Böses im Schilde führen, kann dem Tier jedoch unbewußt etwas zu fressen anbieten, was Giftstoffe enthält (z.B. Schokolade) oder eine allergische Reaktion auslöst.

In jedem Fall muß sofort ein Tierarzt informiert werden. Wenn Sie den Grund des Übels nicht ausfindig machen können, ist es ihm dennoch möglich, anhand der deutlichen Symptome zu erahnen, um was es sich aller Wahrscheinlichkeit nach handeln könnte und entsprechende Anweisungen für Erste Hilfe-Maßnahmen zu geben. Und eine sehr wichtige Regel muß unter allen Umständen eingehalten werden - Finger weg von Milch oder anderen bei vergifteten Menschen oft angewendeten Mitteln zur Ersten Hilfe, wenn der Tierarzt nicht ausdrücklich dazu rät!

Die Liste auf Seite 110 erhebt keinen Anspruch auf Vollständigkeit. Sie macht jedoch deutlich, wieviele Giftpflanzen oder deren Früchte oder Teile sich in Haus und Garten befinden können, ohne daß Sie sich ihrer unmittelbaren Gefahr bewußt sind. Natürlich löst das Anknabbern oder Fressen dieser Pflanzen nicht in jedem Fall und zwingendermaßen eine lebensbedrohende Vergiftung aus, jedoch können größere Mengen oder bestimmte Sorten schon zu ernsthaften Problemen führen. Beobachten Sie ihren Hund dabei, wie er sich an Pflanzen im Haus oder Garten, im Park oder Wald zu schaffen macht und treten hinterher irgendwelche Sym-

ptome auf, so ist es wichtig, den Tierarzt über die Art der Pflanze informieren zu können. Der beste und sicherste Weg ist allerdings der, es gar nicht erst dazu kom-

Lassen Sie es von Anfang an nicht zu, daß Ihr Hund sich an Pflanzen in Haus und Garten zu schaffen macht. Im Garten können Sie zwar giftige Blumen und Bäume entfernen, im Park oder Wald jedoch kann er sich durchaus an solchen Pflanzen zu schaffen machen.
Foto: Robert Smith

men zu lassen und dem Tier ein solches Verhalten von Anfang an abzugewöhnen und Giftpflanzen/Blumen und Bäume zu entfernen.

Epileptische Anfälle und Krämpfe

Einige Hunderassen sowie viele nicht rassereine Zuchten sind für Erscheinungen dieser Art anfällig. Oftmals weist ein solcher Krampfzustand oder Anfall aber auch auf ein unterschwelliges, anderes Gesundheitsproblem hin.

Gewöhnlich ist ein epileptischer Anfall keine Notfallsituation, es sei denn, er dauert länger als zehn Minuten. Sicherheitshalber ist jedoch in jedem Fall der Tierarzt zu informieren; selbst wenn es während der Nacht zu einem solchen Zwischenfall

...und denken Sie dran

Um es gar nicht erst zu Unfällen kommen zu lassen, ist Vorbeugung die wichtigste Maßnahme. Denken Sie stets daran, daß ein Hund, vor allem ein noch sehr junger, wie ein Kleinkind handelt und von mehr oder weniger den gleichen Dingen und Situationen magisch angezogen wird. Lassen Sie bei Ihrem Hund die gleiche Vor- und Umsicht walten, wie bei Ihren Kindern. Das ist der beste Weg zur Vermeidung von Unfällen.

kommt und der Hund am nächsten Tag wieder einen völlig normalen Eindruck macht. Es kommt auch nicht wie beim Menschen dazu, daß die Zunge während eines Anfalls verschluckt wird, weshalb hier keine unmittelbare Lebensgefahr besteht.

Der Halter sollte in einer solchen Situation niemals versuchen, dem Hund ins Maul zu fassen oder seinen Kopf halten zu wollen, denn das Tier hat keine Kontrolle über sich selbst und könnte den Halter unge-

wollt beißen. Ein solcher Anfall kann so leicht sein, daß er kaum bemerkt wird und der Hund dabei sogar auf seinen vier Beinen stehenbleibt. In schwereren Fällen kann es passieren, daß der Hund vorübergehend bewußtlos wird sowie währenddessen Urin oder Kot ausscheidet. Das beste, was der Halter für einen Hund tun kann, der mehr oder weniger regelmäßig unter solchen Zuständen leidet, ist die Unterbringung an einem sicheren Ort, wo er sich während eines Anfalls nicht verletzen oder irgendwo herunterfallen kann. In jedem Fall aber sollte ein Tierarzt eine gründliche Untersuchung vornehmen, um zu ergründen, wodurch diese Anfälle ausgelöst werden. Das ist leider nicht in jedem Fall feststellbar, jedoch besteht zumindest die Möglichkeit, daß ein anderes Gesundheitsproblem der Auslöser ist, welches behoben diesen Erscheinungen ein Ende setzt.

Schweres Trauma

Bei einer komaähnlichen Bewußtlosigkeit oder einem schweren Schockzustand muß unbedingt sichergestellt sein, daß die Atemwege frei sind. Dazu werden Nase, Maul und Rachen des Hundes dahingehend untersucht, daß sie frei von Speichelansammlungen oder anderen Substanzen sind, die die Atmung beeinträchtigen könnten. Der Körper des Hundes sollte auf der Seite, Kopf und Hals in einer leicht gestreckten Position liegen, um das Atmen zu erleichtern. Bei auftretendem Erbrechen muß der Kopf nach unten gerichtet und der Körper angehoben werden, damit nichts in die Luftröhre gelangen kann. Es ist umgehend ärztliche Hilfe anzufordern.

Tägliche ausgiebige Spaziergänge halten Hunde und Halter gesund.
Foto: Züchtergemeinschaft Kellen

Schock

Ein Schock ist ein lebensbedrohender Zustand, der eine sofortige ärztliche Versorgung erfordert. Zu einem Schockzustand kann es durch einen Unfall, anderweitig entstandene schwere Verletzungen oder auch durch panikartige Angstzustände kommen. Andere Auslöser für einen Schock können starker Blutverlust, Flüssigkeitsverlust, eine Sepsis, Vergiftungen, eine extrem hohe Adrenalinausschüttung, Herzversagen und eine Anaphylaxie (Überempfindlichkeitsreaktion) sein. Die Symptome sind ein schneller, schwacher Puls, eine flache Atmung, erweiterte Pupillen, Untertemperatur und Muskelschwäche. Die Kapillarfüllzeit ist verlangsamt, und es dauert länger als zwei Sekunden, bis das Zahnfleisch nach einer Druckprobe seine normale Färbung wiedererlangt.

Der Hund muß warmgehalten und auf dem schnellsten Weg in eine Tierklinik transportiert werden. Jede verlorene Minute bringt das Tier dem Tod einen großen Schritt näher.

Impfreaktionen

In seltenen Fällen kann es vorkommen, daß ein Hund eine anaphylaktische Reaktion auf einen Impfstoff zeigt. Dabei handelt es sich um eine Unverträglichkeit gegenüber den im Impfstoff enthaltenen Eiweißmolekülen. Ein Symptom dafür kann eine deutliche Schwellung um die Schnauze sein, die sich unter Umständen bis hoch zu den Augen erstreckt.

Hier wird der Tierarzt darum bitten, mit dem Tier in seine Praxis zu kommen, um die Ernsthaftigkeit der Reaktion zu begutachten und dem Hund Steroide zu injizieren, die meistens eine schnelle Wirkung zeigen. Bei einigen Hunden kann solch eine Behandlung sowie ein mehrstündiger Klinikaufenthalt bei jeder nachfolgenden Impfung erforderlich werden.

Mein Dackel

Platz für das erste Foto Ihres Welpen

Mein Hund heißt

Mutter   **Vater**

Züchter

Geburtsdatum

Hundemarkennummer

Besondere Kennzeichen (Tätowierung, Fellfarbe etc.)

Tierarzt

Telefon

Adresse des Tierarztes

Tierklinik

Besondere Termine (Impfungen, Untersuchungen)

Datum	Art	Datum	Art

So fühlt sich Ihr Hund pudelwohl!

Hier wird anschaulich beschrieben, wie Gesundheits- und Verhaltensprobleme durch massageähnliche Griffe und gezielte Übungen gelindert werden können.
Schritt für Schritt werden die unterschiedlichen TTouches® und das richtige Training erklärt.
Ein hilfreicher Leitfaden, mit dem alle Hunde ausgeglichen und fröhlich bleiben.

Anti-Stress-Programm für Hunde.
Entspannter Hund durch TTouch® und Bodenarbeit.
S. Fisher. 2009. 128 S., 296 Farbf., geb.
ISBN 978-3-8001-5742-6.

Massage und Physiotherapie bei Hunden. Beweglichkeit verbessern und Schmerzen lindern.
A. Mauring, G. Lutsch. 2007.
76 S., 53 Farbf., 6 Zeichn., geb.
ISBN 978-3-8001-4996-4.

Ein aktueller Ratgeber, der alle Fragen rund um den Hundealltag beantwortet.

Das große Ulmer Hundebuch. H. Schmidt-Röger.
2008. 272 S., 280 Farbf., geb.
ISBN 978-3-8001-5376-3.

Spaßschule für Hunde.
58 Tricks und viele Übungen.
C. del Amo. 2. Auflage 2010.
127 S., 53 Farbf., 20 Zeichn.,
kart. ISBN 978-3-8001-5662-7.

www.ulmer.de